航线运输飞行员理论培训教材

人的因素

总　主　编：沈泽江　孙　慧

本册主编：孟　豫

本册副主编：石　荣

大连海事大学出版社
DALIAN MARITIME UNIVERSITY PRESS

图书在版编目(CIP)数据

人的因素 / 孟豫主编. — 大连 : 大连海事大学出版社, 2017.6
航线运输飞行员理论培训教材 / 沈泽江,孙慧总主编

ISBN 978-7-5632-3504-9

Ⅰ. ①人… Ⅱ. ①孟… Ⅲ. ①飞行驾驶员 — 技术培训 — 教材 Ⅳ. ①V323

中国版本图书馆CIP数据核字(2017)第138924号

大连海事大学出版社出版

地址:大连市凌海路1号 邮编:116026 电话:0411-84728394 传真:0411-84727996
http://www.dmupress.com E-mail:cbs@dmupress.com
大连海大印刷有限公司印装 大连海事大学出版社发行

2017年6月第1版 2017年6月第1次印刷
幅面尺寸:210 mm × 285 mm 印张: 13 字数: 357千

出 版 人:徐华东
策 划:徐华东 孟 冀 王尚楠 执行编辑:董洪英 张 华 王 琴
责任编辑:杨玮璐 责任校对:董洪英
封面设计:解瑶瑶 版式设计:孟 冀 解瑶瑶

ISBN 978-7-5632-3504-9 定价:90.00元

序

中国民航飞行员协会与美国杰普逊公司北京代表处以及大连海事大学出版社合作，编译出版了中国航线运输飞行员理论培训教材，共15本。本系列教材包括飞行原理、航空气象、人的因素、运行程序等与航线飞行有关的各个方面，并配有大量清晰的多为彩色的插图和表格。这是一套针对航线飞行员编写的十分有益的理论学习教材。中国民航飞行员协会盛彪副理事长邀我作序，我欣然接受。

作为一名已经退休的老飞行员，看到中国民航的机队快速发展，一批又一批新飞行员健康、快速地成长，我发自内心地感到十分欣慰。

回顾自己的飞行经历以及近几年国际运输航空几次大的空难事故，我深感理论学习在航线飞行员成长过程中的必要性与重要性。这套教材的面世，可谓是恰逢其时。

我们这一代飞行员，在机型理论学习上的经历可谓“冰火两重天”。20世纪60年代开始学习飞行时，正值“文化大革命”，“火烧蓝皮书”风行一时，我甚至是一天理论都没有学就上飞机开始训练了。“文革”后期已经当了几年飞行教员的我，仅去广汉校部补了三个月的理论课。20世纪70年代末，改装“伊尔14”时我是在广汉校部学的理论，历时三个月。20世纪80年代初改装“三叉戟”时我去北京管理教导队学习理论，又是历时三个多月，经历了五次考试，几乎能够背下来飞机所有的油路、电路等。1985年去波音公司改装波音737，第一次接触幻灯片教学，很新鲜，理论学习的时间也不长，约三周时间，也不考试，就是做了一些选择题而已，当时感觉西方的改装机型理论学习比较实用。后来又有了“柏拉图”(应该是CBT教学的前身)，1996年改装波音777时已全部是CBT教学。现在已发展到在网上CBT，自学70余个课时即可。现在回过头来看，两种不同的理论学习方法、考试方法虽然是各有千秋，但西方的理论学习是建立在学员之前有较深厚的基础知识功底，之后又能认真阅读相关手册、资料之上的。而我们在这之前、之后两个阶段都有不小差距，我们的教育方式基础是学生听老师讲，学生记笔记，不太善于自学。不少飞行员在改装结束之后，尤其是当了机长，仅有的理论书、手册也都“刀枪入库，马放南山”了。选择题形式的考试，使学员的理论知识连不成系统，有点支离破碎。我们这方面的教材也很缺乏，尤其是针对大型喷气运输飞机的。飞行干部、飞行员都飞得十分繁忙，无暇参加理论知识的学习。各类手册不少，真正反复阅读并真正读懂的飞行员并不多。法航447航班的事故调查报告中有这样一段话：“仅凭失速警告和抖动想让飞行员意识到失速是很难的，这就要求飞行员之前有足够的失速经验，仅对情景、飞机知识（飞机的各种保护模式）以及飞行特性有最基本的认识是远远不够的。但航空公司飞行员当前培训情况的检查结果表明，飞行员并没有掌握保持这种技能。”波音的飞行机组训练手册中指出：“基础的空气动力知识是最重要的，以及对飞机各系统的综合认识下的飞机操纵特点，是处理飞机特殊情况的关键。”

1989年7月19日，阿尔·海恩机长处理DC-10飞机故障的成功案例，以及近年发生的OZ214、QZ8501、EK521事故，从正反两方面证明了理论知识学习的重要性。希望飞行员们认真查看上面的事故和事故调查报告。

希望这套书的面世，能为飞行员们提供自学的途径。飞行是飞行员一生的职业，保证航空安全不仅是为自己和家人负责，更是为机上那么多乘客负责。保证航空安全是我们的最高职责。

我翻译的萨利机长的《将飞机迫降在哈德逊河上》一书中的第19章，有这样一段话，我想把它作为序的结尾：

“在过去的42年中，我飞过成千上万个航班，但我在其中一次的表现却决定了人们如何对我整个飞行生涯做出评价。这一点告诉我：我们必须尽力每时、每次、每件事都要做对，还要努力做到最好，因为我们不知道生命中的哪一个瞬间会决定对我们一生的评价。机遇总是留给那些有准备的人。”

杨元元

2017年6月

航空气象

- 大气环境
- 风
- 热力学
- 云和雾
- 降水
- 气团与锋面
- 气压系统
- 气候学
- 危险天气下的飞行
- 气象信息

通用导航

- 导航基础
- 磁场
- 罗盘
- 航图
- 推测导航
- 空中导航
- 惯性导航系统（INS）

无线电导航

- 无线电设备
- 区域导航系统
- 无线电传播基础理论
- 雷达的基本原理
- 自主导航系统和外部导航系统

飞机结构与系统

- 机身
- 窗户
- 机翼
- 安定面
- 起落架系统
- 飞行操纵系统
- 液压系统
- 气源系统
- 空调系统
- 增压系统
- 除冰/防冰系统
- 燃油系统

动力装置

- 活塞发动机
- 喷气发动机
- 螺旋桨
- 辅助动力装置（APU）

航空电气

- 直流电
- 交流电
- 蓄电池
- 磁学
- 交流/直流发电机
- 半导体
- 电路

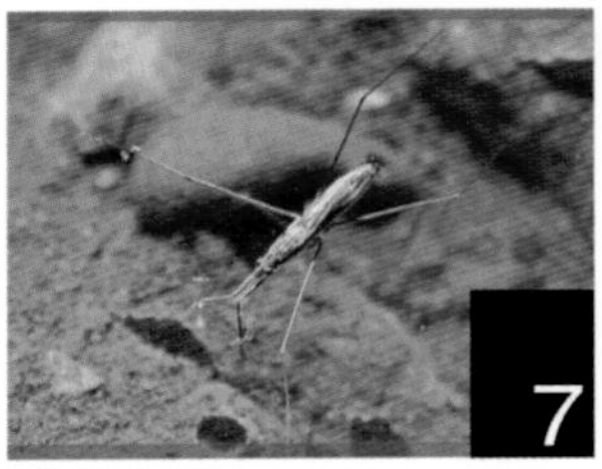

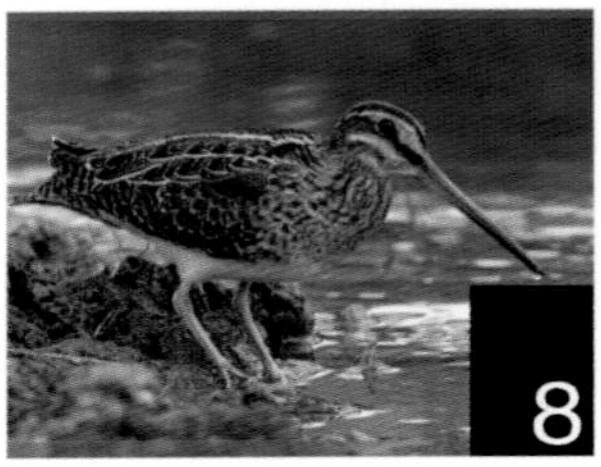

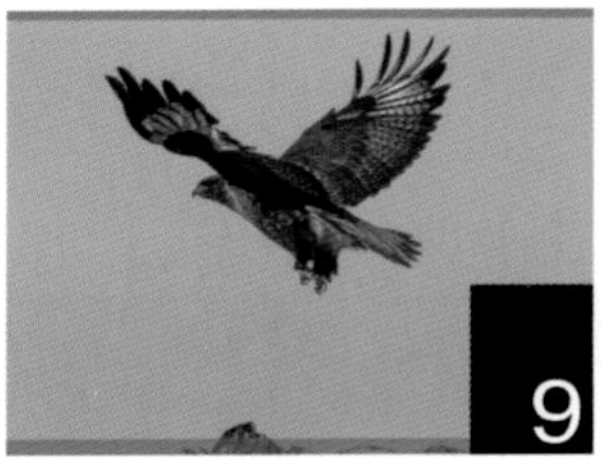

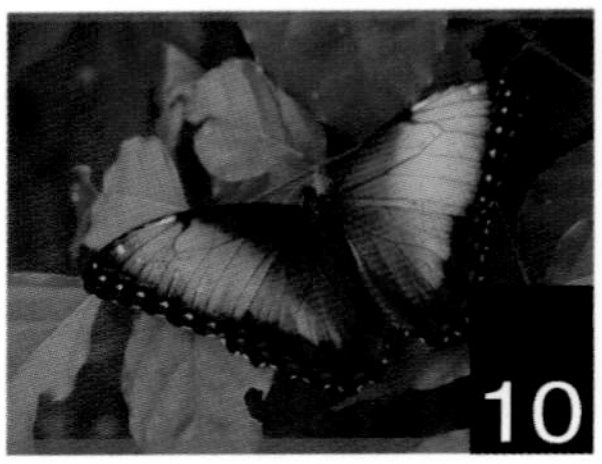

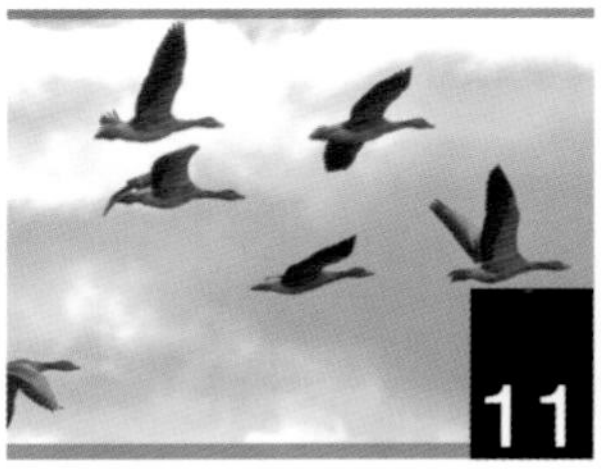

12

13

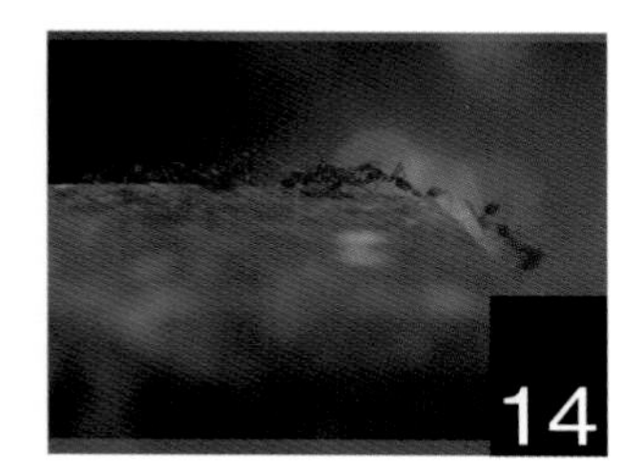
14

15

目录

第一章
绪论

第二章
航空医学——呼吸与循环

第三章
航空医学——飞行高度的影响

第四章

飞行医学——健康和卫生

第五章
航空医学——饮食及消化

第六章
航空医学——新陈代谢、排泄和调节

第七章
航空医学——眼睛

第八章
航空医学——视错觉

第九章

航空医学——耳、听觉和前庭系统

第十章

航空医学——前庭错觉

第十一章

航空医学——高空环境

第十二章

睡眠

第十三章
神经系统

第十四章
应激

第十五章
人类信息加工

第十六章
情景意识

第十七章
交流

第十八章
航空决策

第十九章
需要、行为与动机

第二十章
人格和行为类型

第二十一章
领导/下属关系

第二十二章
差错与差错链

第二十三章
自动驾驶系统

第二十四章
学习和学习的方式

第二十五章
驾驶舱资源管理和多人制机组协作

第一章 绪 论

导言

ICAO的主要目标之一就是保障飞行安全，并且在近年也取得了相当的成绩。但是，近二十年来，在民用航空飞行中，依然有接近75%的事故是由于人的因素所引发的，因此，在此领域我们还需要进一步努力。这意味着对人的因素方面的任何改善与提高都将有效地提高飞行安全。

ICAO于1986年发布了“关于飞行安全与人的因素”（A26-9）决议，该决议很好地反映了上述观点。为了对此决议进行有效的执行，ICAO制定了如下的目标任务：

“通过在实际飞行过程中对人的因素的运用与评估，正视并重视人的因素在民用飞行中的重要性，进而达到提高飞行安全的目的。”

人的行为与作业表现已经被认定为引起飞行事故的主要因素。为了降低事故率，我们必须要进一步地理解飞行中人的因素的相关知识，并在实际飞行工作中应用这些知识。**仅仅认识到人的因素的重要性就将会在全世界的范围内提高飞行的安全性。**

本章目的是介绍人的作业表现和局限性，包含以下内容：

- 人的因素的实际含义与定义；
- 人的因素的概念模型；
- 哪些工业领域需要重视人的因素；
- 飞行中人的因素的应用；
- 达到安全飞行所需掌握的专业知识。

人类的飞行历史是较短暂的，我们在20世纪初才飞上蓝天，至今不过百余年。在不断追寻飞行安全的过程中，很自然地，我们的注意力首先集中到了人与机器的不足上。人类在开始飞行的初期，不断在机械设计和制造上进行改进，以使得飞行更安全，但是人的因素这个重要的部分呢，被遗忘了吗？

人的因素这个主题在现代飞行中应该被认为是最重要的因素。带着这样的理念，我们应该对人自身有更深刻的了解，进而促使飞行变得更安全。

飞行阶段与事故

民用航空飞行的安全性远超其他的交通工具（如：飞行的死亡事故率约为1/1000000次起降，而汽车则是1/10000次）。到目前为止，人的差错是引发飞行事故的最主要的原因。最新的一些事故统计表明，在通用飞行中大约有65%的事故是由于机组的差错引发的。这些数据同时表明，起飞、初始爬升和最后进近、着陆的时间在总飞行时间中只占6%，但是有超过60%的事故都是在这些阶段发生的(如图1-1)，并且有超过70%的致命事故是由于机组的差错所引发的。

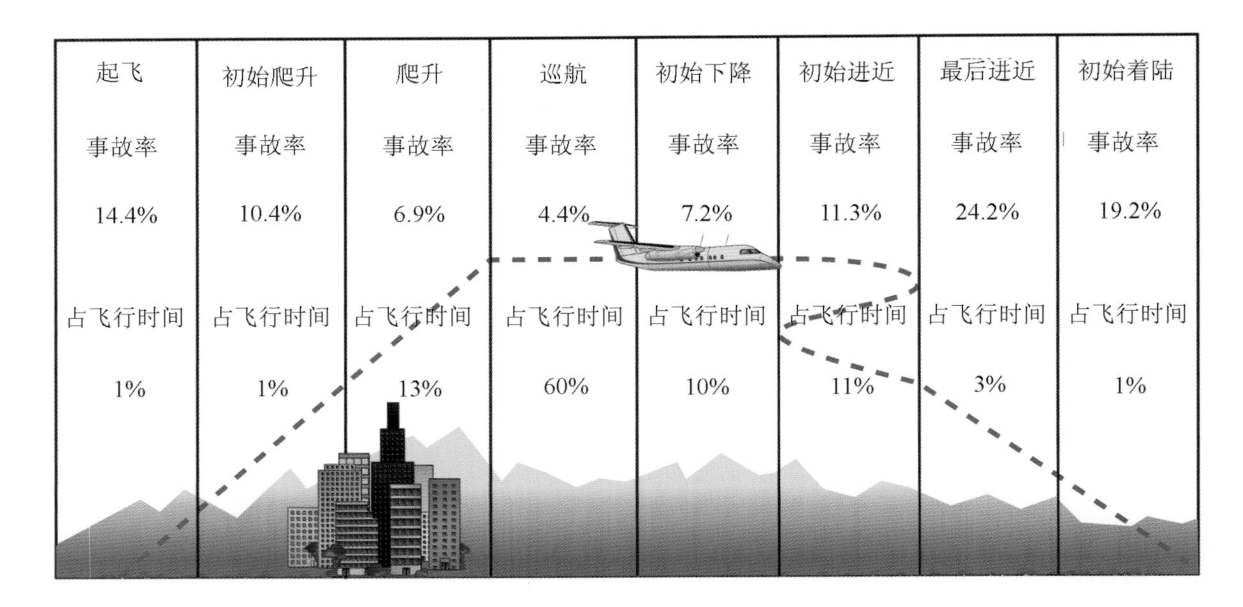

图1-1　飞行阶段与事故

备注:在图1-1中，装货、滑行和卸货大约占总飞行时间的2%，但在这些阶段没有发生事故的报告。

公共运输事故数据

研究显示，飞行员漠视规章制度是机组在进近和着陆中发生事故的主要原因。但同时存在着一些其他原因:

- 飞行机组行为疏忽/不适宜的操作(例如，在没有建立适当的目视参考的情况下下降到DH或者MDH以下);
- 缺乏对地形高度的情景意识;
- 存在“准时到达症”或者在条件已不适宜进近的情况下继续进近。

航空工业需要考虑到人的因素是因为该行业需要满足以下几方面的平衡:

- 系统的功效;
- 安全性;
- 效率;
- 机组成员执行任务时的舒适性。

民用航空运输领域所涉及的每个个体，从飞行器设计人员到飞机操纵人员，其工作都与人的因素有关，都需要基本的人的因素的训练。在实际运营中，航空公司会不断针对技术问题发布通告，这种方式可以获得较明显的效果，因为机组成员和技术人员能够很容易地意识到该技术问题对安全的重要性。同样地，如果航空公司发布针对人的因素的通告，由于机组成员和技术人员对人的因素的重要性看法不同，可能无法产生同样的效果，除非通过训练来进行强化。因此，航空公司的所有员工都需要接受针对人的因素的初训，以获得对人的因素的重要性的认识。进一步的强化训练将会使受训者进一步理解人类作业表现的能力和局限性。

研究表明：如果不仅仅统计机组差错，而是将所有岗位上的人的差错都统计在内，航空运输中与人的因素有关的事故占比会高达80%~90%。

人的因素的定义

在飞行系统中，“人”这一元素可以被看成是：

- 最可靠的；
- 最有适应性的；
- 最有价值的。

但是不幸的是，飞行员也最容易受到外界的消极因素的影响，从而降低工作表现。

人的因素并不是一些简单的原理，它与其他一些学科紧密相关，包括：

心理学	关于心理与行为的科学。
工程学	运用物质和能源的特性，使之更适合人的需要的科学。
人类生理学	研究人类特有的行为、现象及其过程的科学，尤其关注健康人类和正常功能。
医学	预防、减轻和治疗疾病与伤害的科学和艺术。
社会学	研究人类群体的发展结构和功用的科学。
人体测量学	研究人体的各种生理参数的科学。

以上所列并不能包含全部涉及人的因素的学科，要想对人的因素有更全面的了解还应该了解的学科包括：

- 教育学；
- 物理学；
- 生理化学；
- 数学；
- 生物学；
- 工业设计与操作研究等。

想要成为一名合格的飞行员，应当具有责任心、专注细节、沟通良好、适应性强、身体健康、可靠、懂权衡、冷静和具备良好的团队协作能力。

合格的飞行员应该持续接受符合法规要求的、科学的、有效的定期训练和复训，这些培训中涉及的案例材料应当有飞行员参与，以便使飞行员能够巩固和复习其所受的训练。

人的因素的概念性模型——SHELL模型

使用模型能帮助我们更好地去理解人的因素，因为它们能让我们分步地去了解人的因素的各个元素。SHELL模型（Edwards，1972）是关于人的因素的一个较好的模型。SHELL模型的命名来源于其各个组成成分的首字母：Software（软件）、Hardware（硬件）、Environment（环境）、Livewires（他人）、Liveware（自身）。该模型是建立在人—机—环境这一概念的基础上的。

为了初步了解SHELL模型，我们可以把它想象成一场足球比赛。从位于中心的L字母开始，来看看它与其余各个界面之间的关系。

L　　本方的球队（队员、领队、教练员）；

L-L　对方的球队（队员、领队、教练员），裁判员；

L-H　足球、草皮、球门；

L-E　体育场、球迷、天气；

L-S　规则、记分牌、比赛的重要性。

如图1-2所示，SHELL模型中各个界面的边缘并不是光滑的，说明各个界面之间在进行匹配时总是不完美的，可能出错，这与现实生活中从来没有一场比赛是完美的一样。

图1-2　人的因素概念模型——SHELL模型

L—人—个体—飞行员

为了更好地理解人，我们来看一下人的基本特征：

身体的大小与外形　从人体测量学的数据来设计人工作的空间；

生理需求　营养的需求（生理学和生物学）；

输入特征　从大脑收集信息的感觉系统（生理学、心理学和生物学）；

信息处理　人的能力的局限性（心理学）；

输出特征　一旦信息处理完毕，人就将信号传递到肌肉并做出反应（生理学、心理学和生物学）；

对环境的适应性　身体忍受温度、压力和湿度的能力（生理学、心理学和生物学）。

飞行员位于SHELL模型的核心，模型的其他部分必须以它为中心，要来适应它。

人—硬件

驾驶舱的设计——在历史上是否有过完美的飞行座舱？人—硬件这个界面是在设计飞机时必须要考虑到的，但即便是在飞机设备如此先进的今天，飞行员们对于驾驶舱内的设备仪表布局和使用依然存在不满意的地方。

很多因素和技术都会影响人—硬件这个界面，例如：

➢操作与显示；

➢设计（运动方式、大小、颜色、指针、亮度等）；

➢报警系统（假警报）。

例如在BAC1-11此类飞机上，副翼和起落架的操作把手设计在相邻的位置，于是就常常出现将这两者混淆的情况。

人—软件

这个界面包括飞行系统中非物理的部分，如程序、手册和检查单等。飞行员应该始终保持此方面的信息是最新的。

软件这个界面包括：

➢标准操作程序(SOPs)；

➢航图；

➢检查单和操作手册等。

在人—软件这一界面中还包括如下技能：

➢使用计算机的能力；

➢自律与程序性行为；

➢时间管理能力；

➢理解力；

➢自我激励的能力；

➢任务分配的能力。

案例：一架星座号飞机正在向普列斯威克进近。一名经验丰富的飞行员操纵飞机，该飞机正在由仪表转向目视进近。在飞机的地图系统上显示在进近的路线上有一些50 ft(1 ft=0.3048 m)高的障碍物，但是实际上这些障碍物有500 ft高。最终，这架飞机撞在了障碍物上，飞机坠毁，无人生还。

人—环境

该界面反映了与环境相关联的容易导致人犯错误的因素——噪声、过热、湿度、光线和振动等。其还包括了与气象有关的因素，例如湍流、风切变、结冰等，还有其他一些与起飞和着陆紧密联系的情况。这些因素都是我们在飞行实践中最早认识到的影响因素。现代化飞机已经可以使用包括增压、空调、减震、隔音等方法来应对这些影响因素，以改善飞行环境。还有一些诸如扰乱睡眠之类的问题也开始被广泛重视。

人—人

这个界面主要是考虑了人与人之间的关系，如果机组成员之间协作配合不当，那么整个机组的效率也很低。这个界面几乎包含了航线飞行中所有与人有关的方面。任何飞行员都必须考虑这个界面的影响。飞行人员必须接受人的因素的培训，其主要目的就是力图将该界面的不匹配所造成的影响降到最低。

下面是一些人与人交流的重要技能：

➢沟通的技巧；

➢倾听的技巧；

➢观察的技巧；

➢执行管理的技能(领导、协作)；

➢问题解决能力；
➢决策能力；
➢感知力；
➢自律与自控力；
➢判断能力。

人的差错

差错总会出现在SHELL模型的各个界面中，因为没有人是完美无缺的。尽管在飞机制造和设计上不断地进行改进已经持续了有50年，但是人类自身却没有做出与之匹配的进步。今天，新设备能够超越人类的能力来有效地控制飞机。包括飞行员在内，所有的人都会犯错误，但是请记住不是所有的错误都会导致灾难。下面有一个关于差错的简单模型，它告诉我们飞行员在飞行中所起的作用。

飞行员⟹差错^n⟹灾难

注意：差错^{n}在这个地方是指一连串的错误，而不是一个错误。

1989年3月坠毁在德莱顿市的一架F28就能很好地说明这个模型。该事故的直接原因是机组没有在起飞前对机翼进行除冰。该事故的报告长达6卷，这可能是有史以来最冗长的报告了，最后的结论是这样的：

"该事故的发生并不是由单一因素所引发的，而是由多个相互关联的小事故所引发的。要想一个系统变得非常有效率，就必须明确该系统的各组成部分并使其正确无误。这个事故的发生是由整个航空运输系统的失误所引起的。"

这个模型的每个步骤都需要进行详细审查。

飞行员⟹差错^n

补救措施：

➢训练（手册学习、模拟机训练）；
➢交叉检查2个飞行员的操作；
➢减轻机组的疲劳与压力。

差错^n⟹灾难

补救措施：

➢技术措施（电脑控制、自动控制的权重）；
➢驾驶舱与飞机更合理的设计。

飞行员的差错

飞行员的差错在航空领域中是独特的，在其他领域也是独特的，与医生、工程师等人员所犯的差错也有所不同。在上述领域，差错这个词较少被提及。但仍然有必要研究差错发展模型中的人类反应。机组资源管理（CRM）、多人制机组协作（MCC）和人的因素训练在保证飞机、机组和乘客的安全方面起着非常重要的作用。在本书稍后的章节中我们会专门讨论机组资源管理和多人制机组协作。

在航空术语中，"事故征候"是指没有出现严重后果的危险事件。根据Frank Bird模型（如图1-3所示），在每一个致命事故的背后都有大约600起没有任何伤害和损失的小错误。

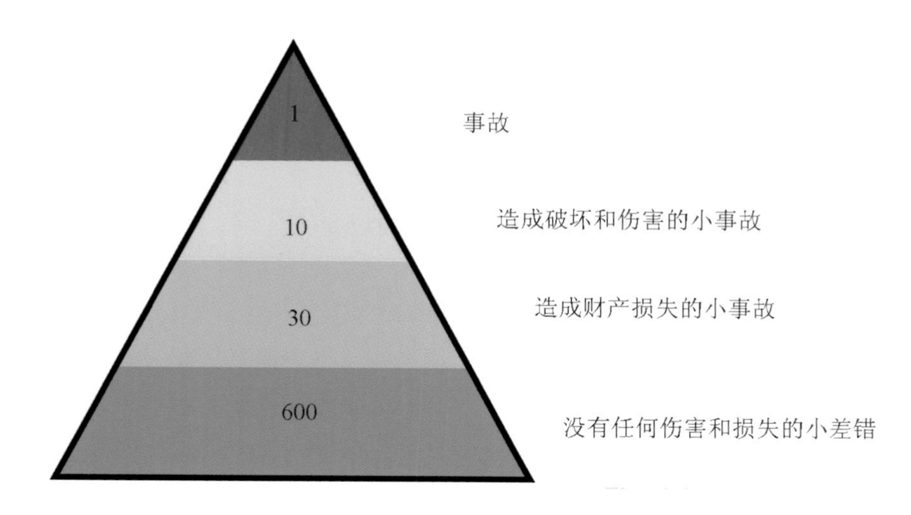

图1-3　Frank Bird模型

描述人的因素在事故中所起作用的传统方法是:统计哪些事故中存在明显的人为差错。将所有导致严重事故的人的因素进行列表,我们发现了4个主要因素:

可控飞行撞地(CFIT)	2169
保持与监控	1481
ATC 及通信	1000
非可控飞行撞地的进近与着陆	910

从统计数据可以看出,20世纪80年代和90年代的近地警告系统(GPWS)和增强型近地警告系统(EGPWS)技术的发展,为今天民航飞行的安全做出了重要贡献。

为了进一步解释人的差错模型,我们介绍JAMES REASON的瑞士奶酪模型(Swiss Cheese Model)如下:

JAMES REASON模型

为了解释Frank Bird模型,我们把上面的图表进行变形,将飞行分为2个部分:

活跃的错误:飞行员的错误与违规。

潜在的情况:可潜伏于表面之下数年的错误诱因。

潜在的情况是没有办法预防的。只有当它们作用于航空系统的时候才是可见的。所有的决策,甚至是一个看起来不错的决策,在某些方面也可能对航空系统存在不利的影响。确定潜在的错误诱因更为困难,这也是下面所描述的模型的重点。

错误的诱因可能存在数年之久,但是与飞行员的一些即时的心理状态(如分心、生理需求和遗忘等)相结合就可能引发错误。如果当所有的差错诱因同时被激活(差错^n),一个事故就有可能发生了(图1-4序列a)。但是如果所有的错误诱因没有被同时激活,则不会发生事故(图1-4序列b)。

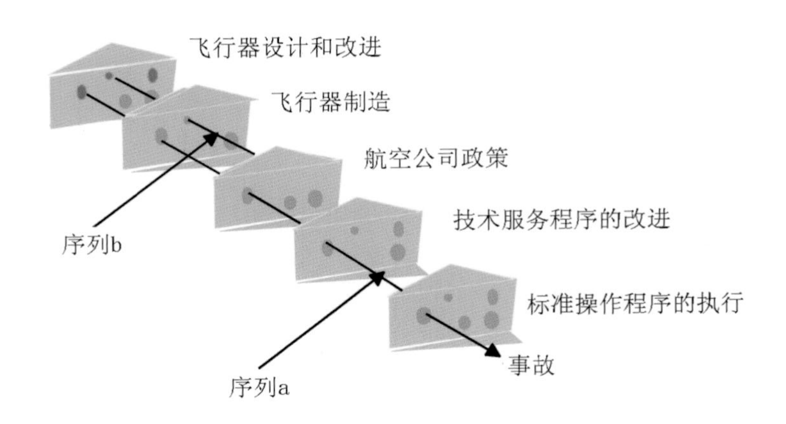

图1-4 JAMES REASON(Swiss Cheese)模型

基于自愿报告的人的因素

事故报告系统(INCIDENT REPORTING PROGRAMME，CHIRP)

CHIRP是一个保密的人的因素事件报告系统[①]。美国民用航空局也在全世界范围内建立过类似的系统。该事故报告系统不受英国民航局(CAA)的控制。根据一个季刊的调查反馈，人的因素包含的范围颇广，主要有：

➢疲劳与睡眠；

➢应激过高；

➢交流问题；

➢操作不便；

➢技术问题。

这个系统依赖于关于事故的真实报告。与飞行系统有关的人员，包括机组、乘务、机务和空管等都可以提出报告。例如：

“我已经连续2天排早班执飞到欧洲的航班任务，并且在夜里做备份直到0830L，一整天都没有休息。在1900L，机组成员通知我要继续执行一个英国—欧洲—英国的任务，并且机组成员已经全部就位了。”

“从欧洲起飞回英国的时候(0300L)，一切都在按计划进行，我的感觉也很好。由于执行任务的时间有所重叠，在驾驶舱里我们有3个飞行员，在这样的环境中往往比平常有更多的交流和与工作无关的闲谈，直到这次飞行的最后90 min我才感觉到疲惫。一个小时以后我开始感到很疲倦，但是我想我应该能坚持到这次飞行的结束。在飞机开始下降时，我的眼睛合上了，在飞机下降的过程中我打了一个盹儿。但是我依然相信，我能在这次飞行的最后10 min做一个很好的落地。这是一个顺风的落地，做了进近简述，进行了RT通话并设置了襟翼的角度，这些工作让我活动起来，但是我却感觉越来越疲惫。在做了必要的活动以后，我又陷入了睡眠之中。在快要接地的时候，机长要求放机轮和襟翼，我才醒了过来。在我们落地以后，我感觉到非常害怕，这可能是我飞行这些年以来最差的表现了。”

① 该系统来自于英国，编者按。

“当我开车回家后(0830L),我意识到,这个不安全事件是一个很好的警示。具有讽刺意味的是,其他2个飞行员都感觉很好的时候我却感觉很差,疲惫得要死。我认为除非排班非常合理,不然的话,执飞红眼航班后接一个清晨的航班很难保证休息并做好准备。我发誓我再也不会像这次这样接受红眼航班后接清晨航班的飞行任务了。”

关于学习的一些建议

学习的模型

“老师教,学生学”这样“鹦鹉学舌”一般的学习模式在多数学校是唯一的模式。现在情况已经有所改变,学生开始主动地想去学习和了解知识,并将知识应用到实践中。这样的学习模式与飞行训练中的模式没有任何区别。学生们收集大量的资料来准备地面的理论考试。那么通过这些考试的最重要的因素是什么呢?

笔记与复习

下面的建议是给全日制学生的,但复习是对所有学生都有用的。笔记与复习通常是对那些采用远程教育来学习的学生而言的。学生们必须有一边听一边记录信息的能力,一般来说,学生们在学习的时候通常都会记笔记,这会帮助学生记下来讲了什么,教了什么。记笔记是一件很容易实施但是却难以掌握技巧的事情。学生们最初的困难是不知道要记录些什么,因为学生们不可能把老师讲的全部写下来。从老师全部的话语中提炼出精髓是一件非常困难的事情。本章的这部分将帮助学生学习如何记笔记,把那些重要的部分记录下来,以便于复习。

我们可以把要点归纳为以下几点:

- M　需要**记忆**什么;
- U　需要**理解**什么;
- D　怎么去**做**。

常见问题:

- 学生们不知道课程的进度;
- 学生们在记笔记的过程中不知道应该把哪些记下来;
- 老师讲得太多,留给学生思考的时间太少。

要做一个详细、精确的笔记,就需要学生全神贯注于老师所讲。因此学生们考虑应该记录些什么就会变得和专心听讲一样重要了。请记住,借别人的笔记永远没有自己记笔记的效果好。在记笔记之前我们心中必须对所要记录的内容有一个大致的框架。

笔记的框架:

主要标题　记录课程目标,这个是我们的出发点。

次要标题　每一节课都会有一些小的专题,有其各自的解释,这个需要记录。

课后习题　每一节课的所有课后题都应该包含在内,其计算过程或答题过程应该写得尽量精确和详细。

复习笔记

我们在记笔记的时候应该包含所有相关的部分(见上述的MUD,明白你需要记住什么,理解什么,怎么去做)。在记了笔记以后,尽快地去复习它是非常必要的。如果我们能在较早的阶段去复习笔记,就可以与下次课需要学习的内容连贯起来。请记住,一定要在下次上课之前复习笔记。

学习方法

在考试的时候,学生必须回忆并应用那些学习到的知识。

常见问题:

➢一些学生试图对学习内容进行生搬硬套;

➢未对学习内容难点进行深入理解;

➢学生忽略了那些没有理解的地方;

➢对教材进行跳读或者未对教材内容进行深入理解。

复习模式

一个优秀的学生会自己检查学习情况,包括以下几点:

➢制订并遵循学习计划;

➢反复研读难点部分直到全部理解;

➢对学习内容进行周期性的复习。

一个优秀的学生应该:

➢理解那些老师讲过的知识;

➢将学过的知识与其他知识相联系;

➢能够把知识进行重组,以便于记忆和提取。

复习的方法

为了更好地复习,我们可以使用SQ3R方法。用这个方法我们可以很好地记住课本上的内容。SQ3R方法是这样的:

快读(S) 对学习的材料不要一开始就仔细阅读。首先阅读一下标题、粗体字和斜体字部分。以便知道我们要学习和讨论什么内容。考虑一下如何才能更好地学习这些内容。

设问(Q1) 在阅读每个部分之前,首先问一下自己要学习什么内容。

阅读(Q2) 在阅读学习内容的时候,仔细思考学习的内容,并对自己学习的内容提问。如果有不明白的地方,**不要继续**,应该停下来寻求帮助,可以从其他的同学或同事那里寻求帮助。在进入下一个部分以前,要确认该部分的所有内容都已经弄明白。

背诵(Q3) 在每一个部分结束的时候,应该自己背诵一下该部分的所有要点。当对所有要点都很熟悉以后,应该对该部分的大略框架进行复习。

复习(R) 这个是最重要的部分。运用背诵和提问的办法对所学习的所有内容进行复习。可以使用一问一答的办法来帮助强化所学习的内容。

娱乐

在学习的过程中应该确保有足够的休息时间。学习是一个枯燥的过程,特别是有大量的东西需要学习的时候。学习一段时间后稍微休息一下有助于精力充沛地开始新的学习过程。一个晚上学习2个或2个以上的内容比只学习单一的内容更不容易厌倦。

睡眠

每个人所需要的睡眠时间都是不同的。年老的人只需要较少的睡眠时间。学生需要比较规律的睡眠。飞行学习需要学员既进行飞行又进行紧张的地面学习。由于学习的压力或者焦虑,可能导致学生们很晚才入睡。在该书的后面章节将会详细地讲解人的睡眠。以下所列的要点可以帮助学生适应新环境。

➢布置一个舒适的房间(可以在墙上挂画或者个人喜好的物品)。这一切将使房间更舒适,更像一个家。

➢在上床之前不要做剧烈的活动,包括**体育运动**和**心理活动**。

➢不要在高强度的学习以后立刻上床休息。

➢在学习以后确保有足够的休息时间。因为人的大脑需要足够的时间才能恢复。

➢保持房间的通风(不要太热或者太冷)。

➢不要饮用太多的酒精。大量饮酒后人会陷入一种很像睡眠的昏迷,但是在这样的状态中,人并没有得到充分的休息。

➢在休息时间饮用一些热牛奶而**不是咖啡或者茶**。

➢阅读和音乐能帮助我们放松身体和精神。

不要在学习以后立刻睡觉,也不要希望很快入睡。当难以睡着的时候,可以试着躺在暖和的床上。有证据表明,一旦躺下,放松和身体的恢复就开始了,即使你是醒着的也是一样。最后一点,即使休息不好,也**不用**太过焦虑。

第二章 航空医学——呼吸与循环

大气

地球是由一层我们称之为大气的混合气体所覆盖的。这些混合气体之所以没有逃逸，是由于地球引力。大气的最下面一层是对流层，对流层的组成成分是相对稳定的，在两极它们的厚度有大约30000 ft，在赤道它们的厚度有大约60000 ft（如图2-1所示）。对流层的边界称为对流层顶。

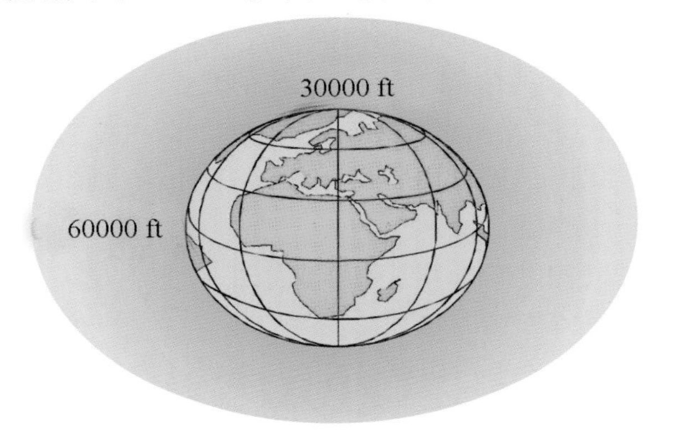

图2-1　两极和赤道的大气层厚度

在对流层中平均高度每升高1000 ft，温度就降低1.98℃。随着高度的增加，大气压力也随之减小。低温会增加空气的密度，低压会减小空气的密度，但低压的效果更加明显，因此空气的密度随着高度的增加而降低（如图2-2所示）。在低海拔地区一定高度变化所引起的气压变化比高海拔地区要大很多。

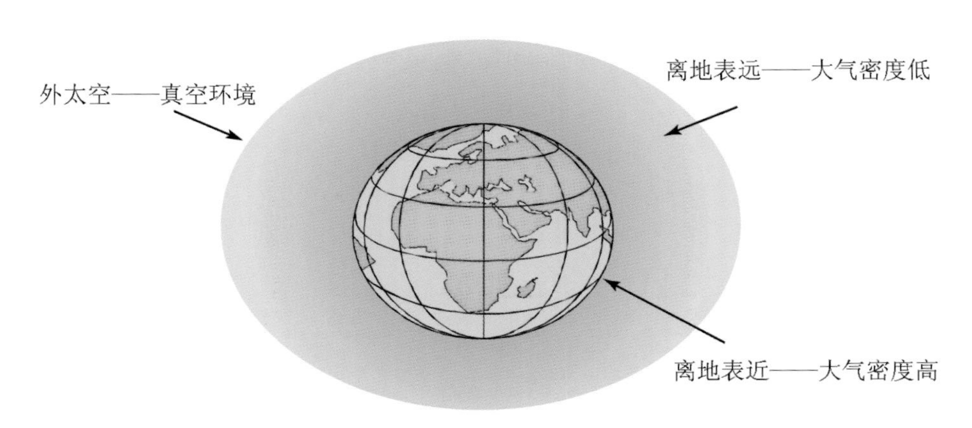

图2-2　大气层密度

大气压力的测量

标准大气压是指空气在给定的位置上的重量或空气施加于其上的力。由于测量方式的不同，大气的压力有不同的表示方法，例如磅力/平方英寸①(lbf/in^2)、毫米汞柱(mmHg)②等。我们在这里应用毫米汞柱来进行描述。

标准大气压

在大气中，温度与压力不断波动，这为工程师和气象学家们制造了一个难题，因为他们需要为航空器制定一个相对稳定的标准。这个标准就是众所周知的国际标准大气压(International Standard Atmosphere，ISA)，它包含了所有纬度、季节、高度的大气的均值，并且也得到了ICAO的承认。标准大气压包含标准的海平面温度与压力，以及随着高度的增加温度与压力的下降率。

不同高度上的标准大气压与温度

海平面	760 mmHg	+15℃
10000 ft	522.6 mmHg	-5℃
18000 ft	379.4 mmHg	-21℃
33700 ft	190 mmHg	-52℃
40000 ft	140.7 mmHg	-56.5℃

我们能看到，在海拔18000 ft的高度，大气压力就只有海平面压力的一半。

大气的生理学划分

大气的划分首先是在生理和气象上的划分。在气象学上我们很熟悉的是对流层和平流层，它们对飞行员和航空来说都非常重要。从生理学的角度，我们可以把大气划分为4个部分：

生物活动区域 这个区域大致从海平面起一直延伸到12000 ft的高度。人类的身体在这样的区域里是能够适应的。在这个区域里飞行，人类只会遇到一些小的生理学问题，一般是中耳气压性耳塞、鼻窦阻塞、呼吸困难、眩晕、头疼等。若在此高度以上飞行，人类就很难适应了。

生物活动禁区 如同前面所提到的高度一样，多数的航空飞行会在12000~50000 ft这样的一个高度里进行。由于大气压力的下降，要想在这个区域以上飞行就很困难。由于氧分压的降低，在这个区域里飞行，供氧设备非常重要。

部分太空区域 这个区域包含的范围是指从50000 ft到120 NM的高度，在这个区域里的大气压力已经非常小。在这个区域里飞行，即使吸纯氧也很难保证飞行员不出现缺氧的情况。在这个区域里飞行和在50000 ft高度以上飞行所遇到的问题是一样的。密闭的座舱和保护服非常重要，因为处于63000 ft以上的高度时，人体的血液和体液会自然沸腾。重力的变化使得该区域很像太空，除了军用飞机以外，只有协和式飞机才能在这样的高度飞行。

外太空区域 这个区域是指高度120 NM以外的空间。对于生物来说，这个区域里所遇到的问题和前一个区域所遇到的问题基本一样。

---

①1 lbf/in^2=6894.76 Pa

②1 mmHg=133.322 Pa

空气组成成分的大概比值：

氧气	20.94%
氮气	78.08%
二氧化碳	0.03%
其他气体	1%（包括氖气、氦气、氪气等）

这个比例从对流层一直到高度60000 ft都是相对固定的。ICAO将标准大气定义为：

压力	1013.2 mbar
温度	15℃
湿度	1225 gm/m^3

一直到36090 ft的高度，温度都会保持每增加1000 ft下降1.98℃。在这个高度以上，温度基本就恒定在-56.5℃。

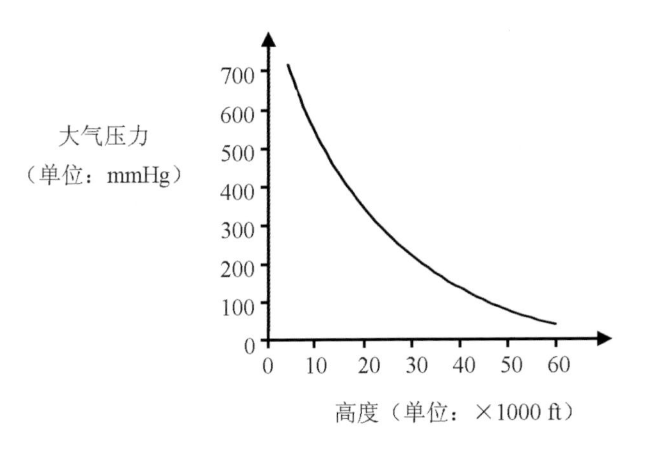

图2-3　高度与大气压力

图2-3描述了压力随着高度下降的非线性关系。在低海拔的情况下，压力下降得比较快。

在低海拔地区，大约是高度上升30 ft，压力下降1 hPa，这个比例在从地面到海拔5000 ft范围内都适用。

温度每改变3℃或者压力每改变10 hPa，湿度就变化1%。

气体定律

人体适合在低海拔的地方生活。如果暴露在40000 ft的高空，几秒钟以后人就会丧失知觉，几分钟以后就会死亡。因此，了解气体定律对于解释人体内气压的下降是非常重要的。

波叶斯定律　　这个定律是指，对于混合气体来说，在恒定的温度（T）下，压力（P）与体积（V）成反比。也就是说，如果气体的压力降低，则体积增加；如果气体的压力增加，则体积减小。当这个定律应用于人体时，就能够解释那些留在我们体内的气体的变化情况，比如在我们的中耳、鼻窦和消化道内的气体。

$$P \cdot V = C \tag{2-1}$$

式（2-1）中，P是压力，V是体积，C是一个常数。

为了解释这个定律，我们可以将一个充了气的橡皮气球从海平面拿到高度为18000 ft的地方。此时，外界的压力只有海平面压力的一半，而气球的体积变为原来的2倍。

加内斯定律　如果气体的体积保持恒定，则压力与温度成正比。

$$P \cdot V = R \cdot T \text{ 或 } P \cdot V/T = R \tag{2-2}$$

式(2-2)中，P是压力，V是体积，T是温度，R是一个常数。

道尔顿定律　对于混合气体而言，某一种气体的分压与将其分离出来以后的压力是相同的。因此，我们知道，**大气中的氧分压是不会变化的**，因为在任何的高度氧气的百分含量[①]都是恒定的。这对于航空是非常重要的，尤其是缺氧的时候。

为了确定混合气体中各种成分的分压，我们可以用以下公式：

$$P_{total} = {}_{pp}A + {}_{pp}B + {}_{pp}C \tag{2-3}$$

式(2-3)中，P_{total}代表混合气体的总压力，${}_{pp}A$、${}_{pp}B$、${}_{pp}C$代表混合气体中各个成分的分压力。

加哈姆定律　高压的气体总是试图向低压的地方流动，如果中间有隔膜分开了2个不同压力的区域，气体也总是趋向于从高压区域向低压区域渗透，这样的趋势会一直持续到不存在压力差为止。这个定律解释了氧气与二氧化碳之间的相互渗透与扩散。

亨利定律　液体中气体的含量与液体中气体的压力成反比。当气体的压力超过液体的溶解力时，液体中溶解的气体就会减少，气体就会从液体中释放出来；反之亦然。这个定律主要用于解释氮气从血液离析出来后所形成的减压病。

我们可以打开一瓶苏打水来解释亨利定律。气体在一开始之所以会溶解在液体里是因为瓶子里的压力比较大。当瓶盖被拿掉以后，瓶子里的压力减小了，气体就从液体里释放出来形成气泡。

一般气体定律　一般气体定律是波叶斯定律和加内斯定律的混合体，在这里P和T表示压力与温度。

$$P_1V_1/T_1 = P_2V_2/T_2$$

这个规则只适用于理想气体，理想气体里的分子被设想为拥有完美弹性。在实际中，我们会假设这个定律适用于所有气体。

人类需要氧气

为了生存，人类必须从所吃的食物中摄取热量与能量。食物被吃下去以后，就会被转化，进而变为血液可以携带的物质，然后被氧化来产生热量与能量。为了氧化食物，细胞就必须有氧气。氧化作用产生的废物——二氧化碳被组织携带着最后排出体外。这个过程就是呼吸作用。我们把呼吸作用定义为：

①此处是指对流层下部，即飞机飞行时的常用高度，在更高的大气层中，氧分压会产生变化。

"在组织与环境之间所进行的氧气与二氧化碳的交换。"

呼吸作用

呼吸的过程包含了2个部分：

吸入　吸气

呼出　呼气

呼吸系统包含了以下部分：

- 嘴巴和鼻子；
- 气管；
- 支气管；
- 细支气管；
- 肺泡。

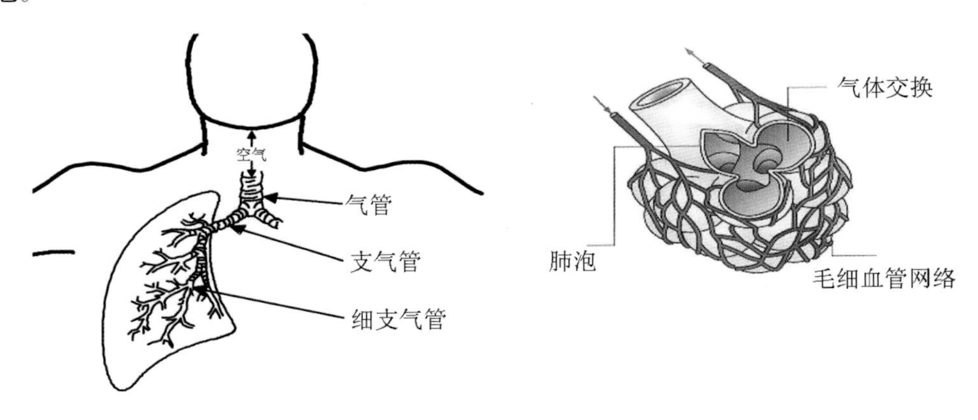

图2-4　人类呼吸系统

当人利用呼吸系统(如图2-4所示)呼吸的时候,空气通过嘴和鼻子来到**咽部**。咽部温暖、潮湿,位于喉咙后面,并且在空气通过气管、到达支气管之前对空气起着过滤的作用。支气管分为两根然后直达肺部。肺位于人的胸腔里,由一层叫作胸膜的物质紧紧包裹着。在每个细支气管群的末端都有一个肺泡,肺泡很小(直径为100~300 μm),在每个肺泡的周围都有很多毛细血管。在肺泡处氧气进入血液,二氧化碳进入肺泡。男性的肺能容纳大约6 L气体,女性的肺大约容纳4 L气体。

固定呼吸量是指单次吸入或者呼出的气体的量。人在休息时固定呼吸量大约是500 cm^3,男性最大的固定呼吸量大约是2500 cm^3,女性大约是1500 cm^3。

吸入与呼出

胸腔的周围由肋骨包裹着,由一大片肌肉形成的膈肌将腹腔与胸腔分隔开。胸腔只有一个开口。胸腔体积的任何改变都将影响肺部的换气功能。

胸腔体积的改变是通过膈肌的上升与下降以及肋骨之间肌肉的收缩与放松来实现的。放松的时候,膈肌是圆顶形的。膈肌收缩的时候,将圆顶向下压,因而扩大了胸腔的体积,新鲜空气就从嘴和鼻进入肺部。这个功能是由自主神经系统控制的,并不需要意识的参与。

当胸腔内的压力降低时,气体就从气管进入胸腔,并通过支气管进入不同的肺部。吸入与呼出的具体过程如图2-5所示。

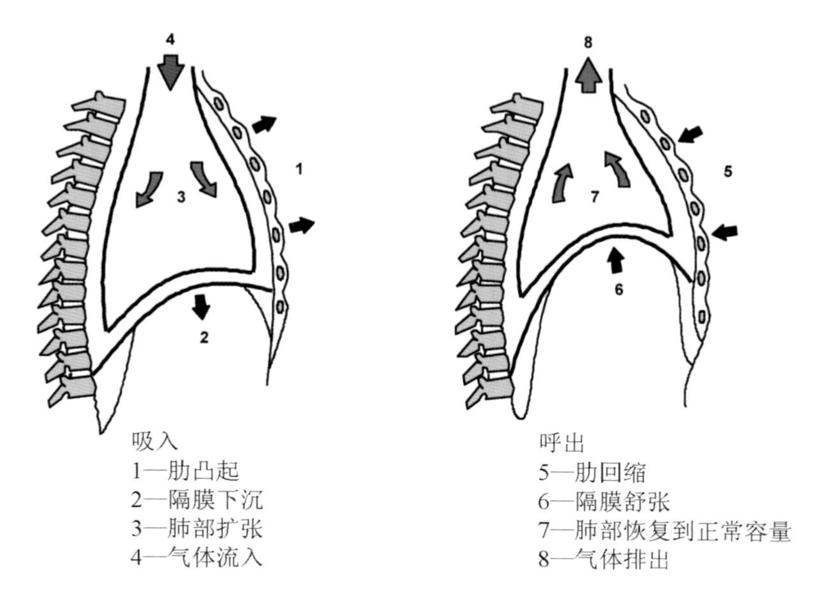

图2-5　气体的吸入与呼出

气体交换

持续的气体交换使得氧气进入血液，而二氧化碳进入肺部。

我们可以通过观察不同气体的分压来解释气体交换过程。在干燥空气中，氧气的分压是160 mmHg（大约是760 mmHg的20.93%）。而二氧化碳的分压则很低，大约只有0.3 mmHg。在肺泡与血液之间的这些气体的不同压力使得肺部和毛细血管之间不停地进行着气体交换，如图2-6所示。

- 在静脉血进入肺部的时候，它的含氧量比肺泡里的空气的含氧量要低很多，由此氧气进入血液中；
- 静脉血中二氧化碳的含量比肺泡中要高很多，由此二氧化碳从毛细血管中出来进入肺部。

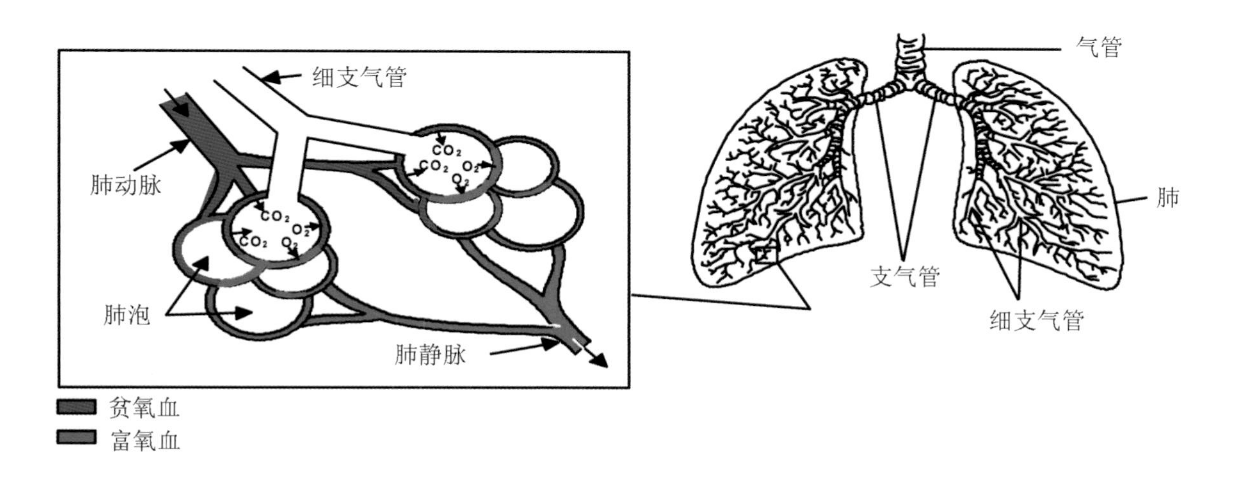

图2-6　肺部的氧气交换

当氧气到达肺泡以后，它穿过蜂窝状的组织进入毛细血管，然后抵达运送氧气的血红细胞(RBCs)。当氧气到达肺泡以后，它大约有100 mmHg的分压。静脉中氧气的分压大约是40 mmHg。这样一个压力差促使氧气从肺泡中进入血液中。

二氧化碳通过血液进入肺泡的原理与氧气交换的原理是相同的。静脉中二氧化碳的分压大约是46 mmHg，比肺泡中二氧化碳的分压要高很多。在血液流经毛细血管的时候，二氧化碳从高压区域向低压区域渗透。随着下一次呼吸，二氧化碳会被排出体外。

总的来说，呼吸可分为外呼吸和内呼吸。外呼吸也称肺呼吸，指肺泡与肺毛细血管之间的气体交换过程；内呼吸也称组织呼吸，指血液与组织、细胞之间的气体交换过程。在生理学上，一般将以上过程称为两次呼吸。

呼吸频率随年龄、性别和生理状态而异。

氧气与二氧化碳的携带

血红蛋白是氧气在血液中的携带者。血红蛋白存在于血红细胞中并且含铁量很高。血红蛋白主要用于确保人体能够接收到必需的氧气。如果氧气进入血液以后直接溶解掉，就不能确保人体能够得到生存所必需的氧气。氧气依附于血红细胞，直到抵达那些氧气含量比较低的人体的组织器官，然后氧气才被释放到组织器官中去氧化食物。

血红蛋白以含氧血红蛋白的形式运送大约95%的氧气。其他部分的氧气就直接扩散在血液中并被溶解。在与氧气结合以后，血红蛋白变成了含氧血红蛋白，只是在身体中那些需要氧气的器官处才把氧气释放出来。富含氧的血液的颜色是鲜红的，含氧量低的血液是暗红的。因此，动脉血的颜色是鲜红的，而静脉血的颜色是暗红的。

二氧化碳绝大多数是以与血液中的水结合形成**碳酸**的形式来进行运输的。这种酸的浓度是由血液的酸碱度所决定的。这种酸的形成过程是：

$$CO_2 + H_2O = H_2CO_3\text{（碳酸）}$$

血红蛋白会固定携带少量二氧化碳，但是大多数的二氧化碳都是溶解在血液中以碳酸的形式被携带着的。会有一小部分的氧气和二氧化碳被携带在血红蛋白中，因为不可能在组织器官和肺部把所有气体都进行交换。

呼吸的控制

呼吸的控制是由大脑中的呼吸中枢所控制的。虽然人可以随意调节呼吸的频率，但是呼吸活动本身是不需要人的意识参与的。在呼吸的时候，吸入是一个主动的过程，而呼出则是一个被动的过程。呼吸的频率与深度会主动调节，以适应当前体内氧气的消耗与二氧化碳的排出速度。正常情况下，呼吸的频率是12~20次/min，平均大约是16次/min。

在普遍情况下，人体是偏碱性的，pH值大约是7.4。

在呼吸的时候：

- ➢二氧化碳的分压增加；
- ➢酸度增加，因为血液中溶解的二氧化碳增加形成碳酸；
- ➢pH值降低，低于7.4。

人体大脑中的化学感受器会对酸度的改变做出回应，在血液中，二氧化碳浓度一旦增加就会导致呼吸频率的增加。当血液流经肌肉的毛细血管时,氧气就会从含氧血红蛋白中游离出来。之所以会有这样的进程,是因为在肌肉组织中氧气的浓度较低,而二氧化碳的浓度较高,而且周围环境的温度比较高。

当血液中只有少量二氧化碳的时候,血液的碱度升高,pH值上升。而人体总是努力保持体内的平衡。人体内的呼吸中枢能感觉到体内pH值和二氧化碳水平的任何变化。当出现异常情况的时候,神经递质刺激呼吸中枢,使其做出行动以帮助体内的二氧化碳和pH值回到正常水平。正是由于人体总是努力保持体内的平衡,因而人体的pH值水平总是保持在7.2~7.6。

大脑总是监控体内氧气和二氧化碳的水平,以便于随时改变呼吸的频率。

注意:健康的人体总是对二氧化碳的平衡更加敏感。实际上,这就要求人体在体内的氧分压达到60 mmHg之前就做出反应,而60 mmHg的氧分压水平已经是一个非常危险的情况了。

循环系统

循环系统的主要功能是全身的血液传输。呼吸中枢在二氧化碳和氧气的传输中扮演着非常重要的角色。

血液另外一个非常重要的角色是给细胞运送养分。这些养分包括:葡萄糖、蛋白质、脂肪、维生素和其他矿物质。血液的血浆成分运送这些养料。循环系统运送废物,特别是组织器官排泄出的含氮的废物。这些废物主要被运往肝脏进行深度代谢,然后从肾脏或者便溺系统中排泄出来。

血液同时还携带着激素和身体中的一些化学物质。

血液中所携带的白细胞对于帮助身体抵抗外界的病毒是非常重要的,同样地,血液中所携带的抗体对于身体抵抗微生物是非常有帮助的。

循环系统在控制体温方面也起着重要的作用,它能控制身体中血管的收缩与舒张,以便使身体保持一定的温度。

心脏

循环系统的中心是人的心脏,人类心脏结构如图2-7所示。心脏是一个空的器官,心脏里面有分隔并且由3个部分构成。

心包 最外面的部分

心肌 中间的部分

心内膜 最里面的部分

人类的心脏有四个部分。两个心房和两个心室,心房周围的壁比较薄,而心室周围的壁比较厚。

心室 左心室的壁比右心室厚,左心室将血液压往全身;右心室仅仅将血液压往肺部。

心室与心房之间的分隔 心房与心室之间的活门将心房与心室分开:

三尖瓣 将右心房与右心室分开

二尖瓣 将左心房与左心室分开

右心房 有两条静脉进入右心房,它们是下腔静脉和上腔静脉。这些静脉将除肺部以外的各器官的血液带回到心脏。血液从右心房进入右心室,然后通过肺动脉进入肺部。

左心房 血液从四个动脉血管进入左心房。血液进入与主动脉相连的左心室，主动脉将血液运送到除肺部以外的全身各器官。

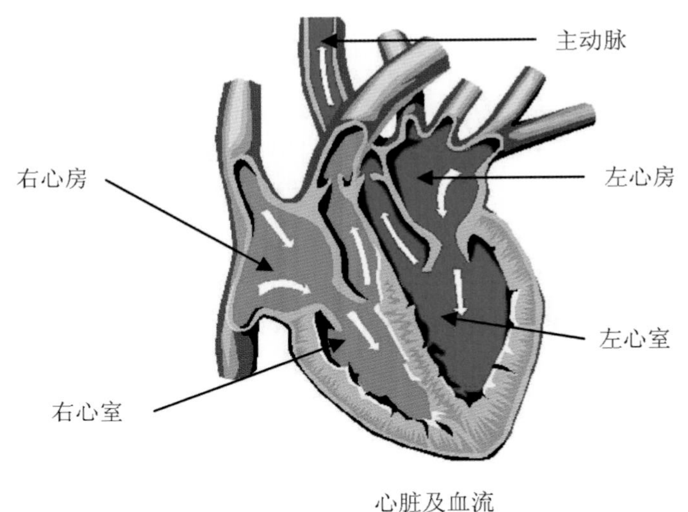

图2-7 人类心脏的结构

心输出量

心输出量是指由左心室每分钟压出的血液的量。

心输出量(L/min)=心率(次/min)×压出量(L/次)

一般来说，健康成年人安静时的心率在60~100次/min，大多数为60~80次/min。这样，心室每次约压出70 mL的血液，因此，心输出量大约是5 L/min。心率可因年龄、性别及其他生理情况而不同。

心脏的跳动主要由交感神经与副交感神经以及被称为肾上腺素的荷尔蒙所控制。它们能影响心跳的次数，其变化范围为50~200次/min。

血管系统

血液在人体的循环是通过被称之为血管的复杂管道系统来实现的。

动脉 动脉是非常强壮、富有肌肉并且弹性非常好的，运送富含氧的血液的管道。除肺动脉外，所有动脉的走向都是远离心脏的。肺动脉则是运送低含氧的血液从心脏到肺部。

静脉 静脉的血管壁非常薄，并且有单向阀门，主要运送低含氧血液返回心脏。而肺静脉则运送富含氧的血液从肺部返回心脏。

毛细血管 在动脉的末端，血管被分成了很细小的血管网络，它们被称为毛细血管。毛细血管的血管壁很薄，这样就使得细胞和血液之间气体与其他物质的交换能够轻松实现。毛细血管在进入组织后重构，形成了静脉。

血液的组成

血液是由各种不同的细胞、游离的蛋白质、其他化学物质和水所组成的复杂混合物。

一个成年人的体内平均有6 L的血液。血液是由黄色的液体(血浆)和固体所组成的。血浆中大约有90%是水,里面包含了许多物质。其中一些重要的悬浮物质有:

血红细胞　血红细胞来源于人的骨髓,包含了红色素和血红蛋白。正是血红蛋白运送氧气到组织器官。血红蛋白是一种富含铁的物质。正是由于包含在血红蛋白中的铁离子,使得血红蛋白对于氧气和二氧化碳具有很强的化学亲和力。

白细胞　在血液中有好几种细胞是无色的或者是白色的,这些细胞对帮助身体抵抗病毒有非常重要的作用。白细胞来源于骨髓中的“干细胞”。当干细胞成熟后就分化为几种特殊的形态以帮助身体抵抗疾病。尽管白细胞存在于血液中,但是它们却承担着免疫系统的部分功能。

血小板　血小板帮助血液凝固。当血管受到损伤的时候,破损的地方就会收缩,以使得血液的流失量最少。与此同时,从破损的地方流出的血液开始凝固。血小板聚集在破损流血的地方,并且释放出大量凝血物质。这些凝血物质将血液中的物质和纤维蛋白原转化为蛋白质和纤维蛋白。纤维蛋白形成了一个致密的网状物质,从而使更多的血小板聚集在其周围。血液形成类似于果冻的状态需要大约10 min的时间。当凝块变硬以后就开始收缩,并释放出与水很相似的血清。血清携带着能与病毒进行斗争的抗体和一些能修复血管破损的其他物质。

血红细胞、白细胞和血小板大约占血液总量的45%,血液的其他部分我们称之为血浆。

血浆　血浆是黄色的,呈略碱性,由90%水分、10%固体物质组成。血浆的组成主要是由肾脏决定的。血浆里的固体物质包括蛋白质、氨基酸、脂肪、葡萄糖、尿素(还有一些其他的含氮的废物)和矿物质。

血液循环

血液是按照以下顺序流经全身的(如图2-8所示):

- 血液从右心房进入右心室;
- 血液从右心室进入肺动脉,从而进入肺部;
- 在肺部的毛细血管发生以下的气体交换:
  - 氧气进入血液;
  - 二氧化碳进入肺部;
- 富含氧的血液经过肺静脉回到左心房;
- 血液从左心房进入左心室;
- 左心室的收缩使血液进入大动脉,大动脉连接到除肺部以外身体的大部分器官;
- 大动脉细分成小一些的动脉将血液带往组织器官,这些动脉又进一步细分为毛细血管,从而在血液流回心脏前释放出氧气并带走二氧化碳;
- 所有的血液通过静脉汇聚以后流回右心房。

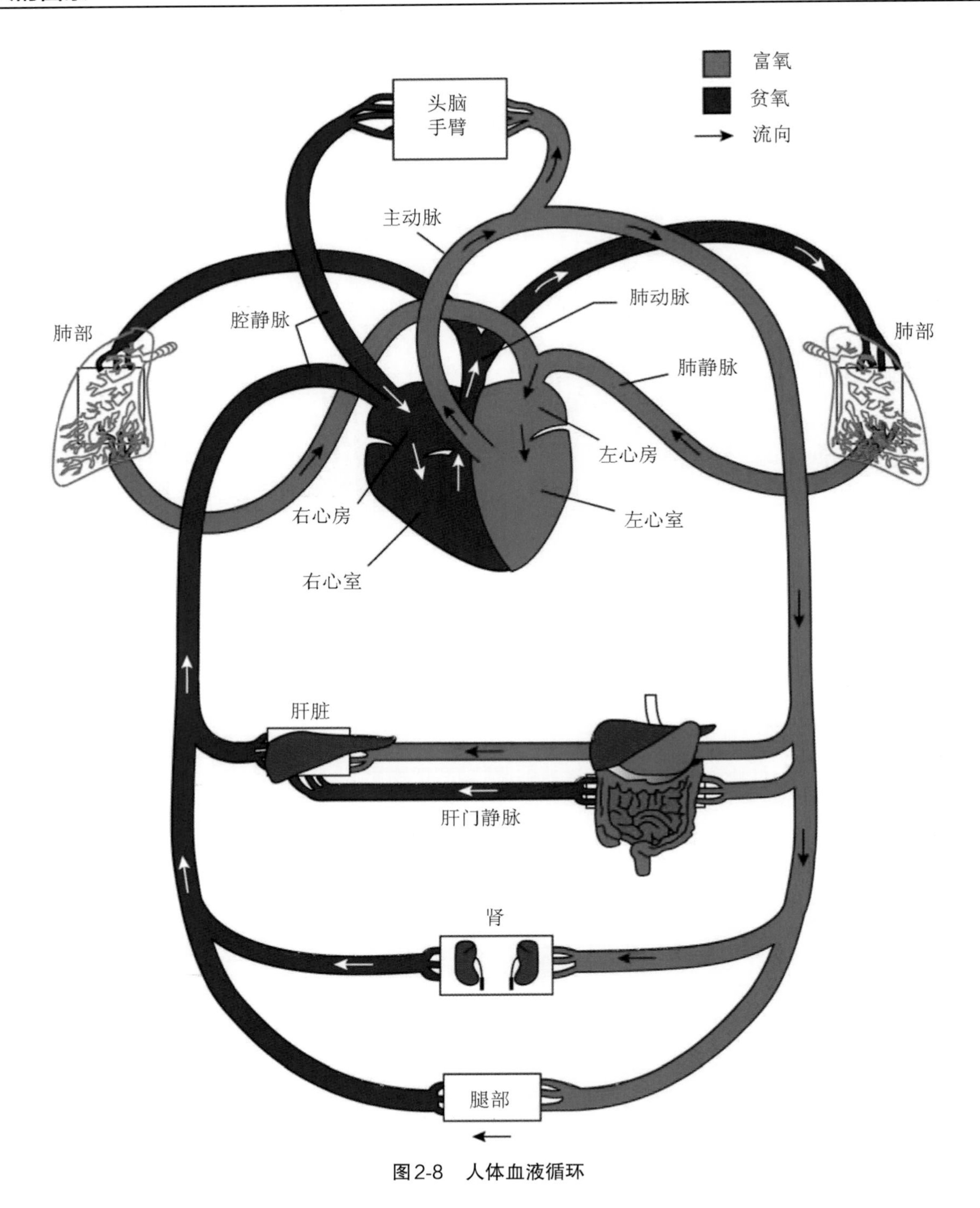

图2-8　人体血液循环

血液循环的其他用处

当血液流经全身的时候，以下器官实现如下一些功能：

胃　　从食物中获得营养并带到组织器官；

脾　　回收一些老化的血液细胞；

肝　　提取毒素并将蛋白质重新加入血液中；

肾 调整水的含量并排出废物；
骨髓 帮助更新白细胞。

血氧饱和度

血氧饱和度（SpO_2）是指血液中被氧结合的氧合血红蛋白（HbO_2）的容量占全部可结合的血红蛋白（Hb，hemoglobin）容量的百分比，即血液中血氧的浓度。它是呼吸循环的重要生理参数。而功能性氧饱和度为HbO_2浓度与HbO_2+Hb浓度之比，有别于HbO_2所占百分数。因此，监测动脉血氧饱和度（SaO_2）可以对肺的氧合和血红蛋白携氧能力进行估计。正常人体动脉血的血氧饱和度为98%，静脉血为75%。血氧饱和度随海拔高度的增加而降低。

第三章

航空医学——飞行高度的影响

导言

大气主要由氧气、氮气等成分组成，在60000 ft以下这些成分的比例保持不变。

氧气	21%
氮气	78%
其他气体	1%

随着高度的增加，大气压力与密度下降，血液中红细胞可获取的氧也随之下降。

以下两种气体成分可能会导致情况进一步恶化：

水汽 大气中的水汽会随着天气情况发生变化。肺泡里始终含有饱和的水汽。在海平面，水汽大约占肺部气体的6%。

二氧化碳 大气中二氧化碳的含量大约占0.03%。在肺部，由于呼吸过程，二氧化碳的含量要高一些，大约占肺部气体的5.5%。

在谈及呼吸过程可获取的氧气时，就要考虑这两种气体。在海平面，由于吸入的水汽以及从组织流回的血液所释放出的二氧化碳，肺部可用于呼吸过程的氧气含量会降低到14.5%。

气管内的气体

空气吸入呼吸道后，会变为温暖而湿润的饱和水汽进入肺泡。正常体温条件下，水汽的分压恒定在47 mmHg，与大气压力没有关系。因此，用于呼吸过程的其他气体的分压要相对降低。

肺泡气体

气管内的气体进入肺后，氧气与二氧化碳通过呼吸过程发生交换。呼出的气体含氧量较少，而二氧化碳较多。肺泡内氧的分压（$_{pp}O_2$）随着二氧化碳分压变化。呼吸频率恒定时，二氧化碳的分压大约为40 mmHg。通过这些数值，不同高度的$_{pp}O_2$都可以计算出来。这里：

P	环境大气压
F	所吸入气体的比例
$_{pp}H_2O(tr)$	正常体温37°C时水汽的分压为47 mmHg
$_{pp}O_2(tr)$	气管内的氧分压
$_{pp}CO_2(alv)$	正常呼吸频率下肺泡内二氧化碳的分压
$_{pp}O_2(alv)$	肺泡内的氧分压

气管内气体压力的计算使用下面的公式：

$$_{pp}O_2(tr)=[P-{}_{pp}H_2O(tr)]\times F \tag{3-1}$$

气体从气管进入肺泡的过程中，$_{pp}O_2$下降，$_{PP}CO_2$升高。我们假设$_{PP}N_2$保持不变。

肺泡内氧分压的计算使用下面的公式：

$$_{pp}O_2(alv)={}_{pp}O_2(tr)-{}_{pp}CO_2(alv) \tag{3-2}$$

例　在10000 ft的高度，大气压为523 mmHg，氧气含量为21%，肺泡内的氧分压是多少？

步骤1　计算气管内的氧分压：

$$_{pp}O_2(tr)=[P-{}_{pp}H_2O(tr)]\times F$$

$$_{pp}O_2(tr)=(523-47)\times 0.21 = 99.96\ \text{mmHg}$$

步骤2　计算肺泡内的氧分压：

$$_{pp}O_2(alv)={}_{pp}O_2(tr)-{}_{pp}CO_2(alv)$$

$$_{pp}O_2(alv)=99.96-40\approx 60\ \text{mmHg}$$

10000 ft肺泡的氧分压为60 mmHg。

气压的梯度变化是确保氧气能从肺泡进入红细胞的条件。如果气压梯度降低，进入血液的氧气就会减少。在10000 ft以下的高度，由于血红蛋白对氧的亲和力，人体有一定程度的自我保护能力。在这个高度范围，人体有“多余的氧”可供使用。在10000 ft以上的高度，肺泡内的氧分压迅速下降，人体的自我保护功能消失，身体开始因为缺少氧气供应而出现症状，这一过程称为缺氧。

缺氧的类型

缺氧性缺氧由所吸入空气的氧分压不足所致。在10000 ft以上的高度，氧分压开始明显降低。在航空领域，最可能发生在飞机减压时。

贫血性缺氧由血液携带氧气的能力不足引起。血液中血红蛋白的含量降低或贫血症会导致氧携带不足。血红蛋白与一氧化碳结合也会产生同样的结果。

停滞性缺氧由循环系统出现某种功能性障碍，血液循环不畅导致体内局部氧含量降低引起。飞行时，这种缺氧会因为加压呼吸或“G”负荷过大出现。

组织中毒性缺氧由细胞的呼吸功能下降，体液不能有效地利用可以获得的氧所致。药物或酒精中毒是常见的原因。

人体对氧气的需求

随着高度的增加，氧分压降低。

- 在8000 ft的高度，大气压仅为海平面时的3/4；
- 在18000 ft的高度，大气压为海平面时的1/2；
- 在33500 ft的高度，大气压为海平面的1/4。

随着高度的增加，为了确保肺泡内的氧分压保持不变，飞行员所呼入气体的氧含量需要增加。

肺泡内的氧分压

表3-1显示随着高度的增加，不管是大气压还是肺泡内的氧分压，都在不断降低。

表3-1　随高度增加的氧分压变化

高度/ft	大气 $_{pp}O_2$/mmHg	肺泡 $_{pp}O_2$/mmHg
0	160	100
8000	119	65
18000	80	40
25000	59	30
40000	30	10

当高度超过10000 ft，就需要额外的供氧，供氧量与高度相关，在33700 ft的高度，必须吸入纯氧才能使肺泡内的氧分压与海平面（103 mmHg）保持一致，超过这个高度，到达40000 ft时，空气中的氧分压会继续下降，此时吸入纯氧可以使肺泡内的氧分压保持在10000 ft的高度水平（61 mmHg）。在40000 ft以上的高度，则需要正压呼吸迫使氧气进入肺泡。

对氧气的需求总结

表3-2　不同高度的氧气需求

高度/ft	氧气需求	肺泡氧分压
0~10000	空气	61~103 mmHg
10000~33700	氧气的含量要增加	至少为61 mmHg，随着氧气含量的增加而增加
33700~40000	纯氧	40000 ft时从103 mmHg降到61 mmHg
40000以上	加压纯氧	—

表3-2中的数字为实际高度。现代化的飞机都是增压客舱，相当于6000~8000 ft。人体温度易于控制，可以维持正常的心理功能。一些年纪较大的人，或有呼吸系统疾病的人，可能会在这些高度层上出现缺氧。理想的情况是飞机最好能增压到海平面。但实际上，由于重量与强度参数的要求，这种想法不具有可操作性。

缺氧

当血液中可获得的氧不足以满足人体组织的需求时，就会发生缺氧。对飞行员来说，缺氧最可能发生在飞行高度增加，氧分压降低时。缺氧的早期信号与高级心理活动有关，与饮酒后的情况相似。发生率取决于所处的高度：

15000 ft　　信号与症状出现缓慢，难以察觉。

40000 ft　　信号与症状迅速出现，个体可能识别不出正在发生的状况。

1979年，一架空中国王涡桨飞机沿着英格兰的海岸线向西飞行，飞行高度为31000 ft。在向埃克塞特飞行时，机组请求ATC许可他们进行紧急下降训练。请求得到同意，ATC指示他们右转弯，在开始下降时联系埃克塞特的ATC。机组复诵了该指令，并补充说他们会因为戴面罩等事情而失去联系几秒。不久，飞机左转弯，并且已经左转一圈。飞机在接下来的6 h向左转，受风的影响慢慢向南偏离，最后在法国东北部坠毁。ATC与机组没有进一步的联系。

在事故调查过程中发现，尽管机长与学员进行过类似的飞行，但机长的训练有问题。实际上，对于非增压飞机来说，氧气面罩是必需的。

检查飞机残骸后，发现飞行员佩戴了面罩，但是连接面罩的软管没有与氧气供应系统完全连接好。在30000 ft高度上，相关人员对另一架相同型号飞机做了进一步非增压测试。测试一开始就下降高度，发现做测试的医生在此高度取下面罩后15 s就出现失能，30 s后进入无意识状态。

在这起事故中，随着氧气含量明显减少，机组会在数分钟之内进入致命的缺氧状态。

缺氧的信号与症状

轻微缺氧可能产生类似于醉酒的状态，更严重一些的会导致昏迷。在缺氧的所有阶段身体组织都会受到损害。在缺氧环境中暴露的时间越长，越容易出现永久性损伤，尤其是脑部最脆弱的区域。在正常体温条件下，大脑忍受缺氧的时间不能超过3 min，否则就会导致不可逆的损伤。缺氧的症状有很多，依个体有所不同。下面是一些缺氧症状：

人格改变　　出现行为改变，轻微的改变可能从出现攻击性行为开始。在这个阶段，对其他机组成员"放任自由"的态度也很明显。

判断力下降　　缺少自我批评的意识，发生缺氧者通常最不容易察觉出自己作业表现的下降。

运动能力下降　　飞行员肌肉的协调运动能力开始下降，飞行操纵的准确性降低，小的差错会迅速演变成重大事件。

记忆力下降　　失去短时记忆能力，简单的计算变得困难，很难进行准确计算。长期记忆还不受影响。

感觉丧失　　颜色视觉在缺氧症刚开始出现时就会受到明显影响，同时会伴随触觉迟钝，听觉下降，出现空间定向问题等。

发绀　　身体四肢的颜色变紫。其原因是血红蛋白处于去氧化的状态，毛细血管变紫导致。

换气过度　　出现缺氧后，飞行员对氧的需求增加可能会出现过度呼吸的可能性。

意识下降　　随着缺氧的发展，个体的意识水平逐渐下降，从半意识状态过渡到无意识状态。若仍不供应氧气，随之而来的就是**死亡**。

其他的感觉还有刺痛感、温暖感、出汗、头痛，以及呕吐。人在出现缺氧症后会体验以上所有症状，但是，每个人在每次出现缺氧症状时所表现出的症状模式还是有所不同。

总的来说，缺氧症的初始症状表现为自我感觉操作能力良好，类似于轻度饮酒后产生的感觉，伴有兴奋和愉悦，因此不易察觉。

缺氧的阶段与高度范围

从高度的角度来说，缺氧的发生包括四个阶段，各阶段随高度与症状的严重性而不同。

无关紧要阶段（海平面到10000 ft）　　夜间视觉受缺氧的影响。在4000 ft的高度，夜间视觉会下降5%~10%，呼吸频率会轻微增加。

补偿阶段（从10000 ft到15000 ft）	循环与呼吸系统对缺氧起到防护作用。脉搏、收缩压、循环速率与心输出量的增加都会弱化缺氧的影响。呼吸的频率与深度也会增加。 从12000 ft到15000 ft，缺氧对神经系统的影响明显变大。10~15 min后，工作效率开始显著下降。机组成员开始昏昏欲睡，频繁出现判断错误。即使简单的任务也会变得困难，特别是需要警觉性或一定程度的肌肉协调的任务。在这些高度缺氧发生缓慢，难以察觉，特别是在现代座舱这样的工作环境中。
混乱阶段（从15000 ft到20000 ft）	身体无法再对缺氧进行补偿。飞行员有时会因为缺氧出现无意识，从而导致没有体验到主观的缺氧症状。疲劳、睡意、头昏眼花、头痛、呼吸急促，以及欣快感是最常被报告的症状。事实上，所有报告的症状都是确实存在的。
关键阶段（从20000 ft开始）	判断能力与协调性通常会在3~5 min内恶化。随后会出现心理混乱、头昏眼花、失能与无意识状态。

增加缺氧症易患性的因素

下面一些因素会增加缺氧症的易患性：

飞行高度	在高高度，缺氧的发生是以s计而不是以min计。
时间	飞行员越是长时间缺少氧气供给，缺氧的影响就越大。
活动	人体活动时需要更多的能量供给，因此，需要更多的氧以进行代谢。
感冒	感冒时，身体要利用能量以保暖，而食物氧化产生热量就需要更多的氧。
疾病	疾病会增加人体对能量的需求。
疲劳	倦怠和疲劳会降低人体对缺氧的抵抗力。
药物/酒精	缺氧会削弱人更高级的心理功能，药物和酒精有相似的影响，两者结合在一起会产生明显的累积效应。
吸烟	相比氧气，一氧化碳与血红蛋白有更高的亲和力。吸烟时，用于运输氧的血红蛋白减少，身体就会出现贫血反应。

有用意识时间

有用意识时间（Time of Useful Consciousness，TUC）可定义为：**“缺氧发生后，在未供氧的情况下，飞行员能够保持意识，有效进行操作和行动的时间。”**

注意：这不是导致意识**丧失**的时间。

有用意识时间因飞行高度的不同而不同。身体活动会导致更多的氧气需求，减少有用意识时间。表3-3给出了不同高度缓慢释压、快速释压条件下大致的有用意识时间。

表3-3 不同高度下的有用意识时间

高度/ft	TUC缓慢释压/静坐	TUC缓慢释压/中等程度活动	TUC快速释压
45000	20 s	12 s	<10 s
40000	25 s	10~20 s	10 s
35000	45 s	30 s	20 s
30000	75 s	45 s	30 s
25000	5 min	2~3 min	2 min
18000	40 min	30 min	大约20 min

不同高度的飞行时间限制

在没有配备供氧设备的情况下，飞机不允许在10000 ft以上的高度进行延时飞行。联合航空要求运行协定(JAR-OPS)有特定的时间与高度限制。对于非增压飞机，如果没有使用供氧设备，飞行高度不得超过14000 ft。

过度换气

血液中二氧化碳的多少受呼吸的控制。身体利用氧气越多，产生的二氧化碳也就越多，这会导致血液中二氧化碳超量。呼吸中枢对多余的二氧化碳的反应是增加呼吸频率和呼吸深度，应从体内排出多余的二氧化碳。一旦多余的二氧化碳被排出，呼吸频率就会恢复正常。

过度换气指呼吸频率增加，以致体内二氧化碳排出过快。这会导致体内酸度降低(pH上升)，称为碱毒症。过度换气可能是缺氧的副效应，但是下面一些因素也会导致过度换气发作：

➢焦虑或情绪性应激；
➢疼痛；
➢运动病；
➢发热；
➢湍流；
➢振动。

过度换气的症状

➢头晕眼花和轻微的头痛；
➢手、脚和脸周围刺痛；
➢手、胳膊和腿、肌肉变得僵硬；
➢视觉混乱，包括管状视觉或视觉模糊；
➢身体一阵热或一阵冷；
➢焦虑和担忧出现，并形成恶性循环；
➢作业表现下降；
➢意识丧失导致昏迷；

➢肌肉控制能力下降,协调能力受损。

至于换气过度导致的昏迷,呼吸恢复到正常后,个体就会苏醒过来。

过度换气的克服

克服过度换气最有效的方法是有意识地降低呼吸频率。使用纸袋可以控制呼吸频率。方法是将纸袋放在鼻子与嘴上,持续吸入、呼出气体,增加体内二氧化碳的水平,以重新建立二氧化碳和氧气的平衡。

过度换气还是缺氧?

过度换气与缺氧的症状非常相似,分辨这两者比较困难。缺氧会引起发绀(皮肤变紫)、视敏度下降、头痛,还可能出现昏昏欲睡的状况。过度换气会出现神经与肌肉的过敏(兴奋)、间歇性的肌肉收缩,以及呼吸频率的增加。

高度也是区别缺氧与过度换气的有用因素。可以使用下面的指南:

10000 ft 以上	如果出现缺氧就向患者供氧。迅速将飞行器的高度下降到10000 ft之下非常关键。
10000 ft 以下	在这个高度,缺氧不会是个问题,除非患者年纪比较大或呼吸系统有问题。呼吸的频率与深度应该降低。如果识别出是过度换气,重新吸入呼出的气体可以帮助克服。使用呕吐袋或氧气面罩是常用的方法。

客舱释压

在飞行的任何时刻都存在客舱释压的可能。释压的速度可能非常缓慢,飞行员有时间进行识别并迅速处理这些问题;也可能非常迅速,比如因为舱门或玻璃窗脱落导致的快速释压(爆炸性减压)。

以波音747这样大小的飞机为例,舱内外压力平衡的时间为:

舱门脱落	12~20 s
玻璃窗脱落	60~90 s

小型飞机内外压力达到平衡的时间更短。

在快速释压期间会出现"砰"的爆炸声,客舱迅速充满雾、粉尘和飘着的碎片。雾的出现是因为温度迅速下降和相对湿度的改变导致水汽凝结。在通常情况下,耳朵的听力会恢复正常,会出现打嗝、胃肠道的气体逸出的现象。肺部的气体会通过嘴与鼻子逸出。

在这种情况下,机组人员立即会体验到下面的问题:

➢缺氧;

➢寒冷;

➢减压病。

释压发生后,需要供氧才能避免出现缺氧现象,同时需要将飞机下降到安全高度,即10000 ft以下。要注意,释压时飞机已出现结构性损伤,下降的速率必须是这种损伤所允许的。用于公共运输的飞机因为提供了供氧设备,通常不会由于快速释压做紧急下降。

在快速释压期间,由于文丘里效应,客舱压力高度可能**高于**飞行的高度。在外部会出现空气动力吸出现象,即通过破损处,将客舱内的气体拉出。在极端情况下,由于文丘里效应,客舱与飞机的高度差可达5000 ft之多。

假如增压飞机在飞行过程中出现快速释压，有用意识时间会减少。飞机内的压力迅速降低也会影响身体。氧气会由于这种压力变化迅速从肺部排出，血液中的氧分压会降低，有用意识时间会降到正常时间的1/2。比如，于30000 ft的高度发生快速释压，有用意识时间大约为30 s(相当于35000 ft时慢速释压的有用意识时间)。

在出现释压或怀疑压力下降时，机组必须采取的第一个行动就是戴上自己的氧气面罩以确保充足的氧气供应。

上升与下降

体内的气体会随着压力的变化而膨胀或收缩。

爬升

高度上升会引起肺部与肠胃道内的气体膨胀。胃肠道内的气体源于吃食物时吞咽的气体以及细菌分解食物的副产品。如果膨胀的气体不能释放到大气，会产生严重的疼痛感。

如果压力变化非常大，会对肺造成损坏、产生气胸(肺与胸腔之间进入气体)甚至发生胸腔破裂。胸腔通常会对呼吸系统起到保护作用。

牙齿保健得好的话，牙齿会排列整齐，口腔也会很健康。口腔保健不好会导致发炎或脓疮，牙齿保健不好会导致牙齿中充满空气。在释压期间这两种情况都会因为气体膨胀导致疼痛。

下降

耳与鼻窦是下降过程中最容易出现问题的部位。

窦(鼻窦与额窦)

窦是鼻腔周围含气的骨质腔(如图3-1所示)，它们有助于声音共鸣，减轻头颅重量。

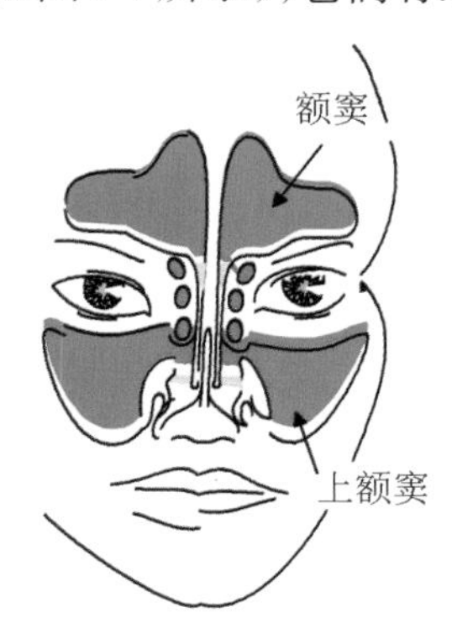

图3-1 鼻窦与额窦

额窦在眼上面的额骨内，上颌窦在上颌骨体内，为鼻窦中最大者。在颅骨底部还有其他一些鼻窦使鼻腔分开。这些鼻窦与黏膜连在一起，并有小的开口与鼻腔相通。这些开口称为窦沟，这样窦内外的压力就可以保持平衡。高度上升时，气体通过窦沟排出。人在感冒时窦腔黏膜发炎肿胀，使鼻窦开口受阻，引流不畅。上升时气体也可以排出，但是下降时气体进入鼻窦就不可能了。在下降期间，会导致严重的疼痛与受伤，称为**“气压性鼻窦炎”(也称航空鼻窦炎)**。

耳

耳由三个部分组成,第九章将会详细阐述。

➢外耳;

➢中耳;

➢内耳。

外耳直接暴露于外部环境。

中耳是含气的空腔,由鼓膜和**耳蜗**之间的部分组成。它通过**咽鼓管**与鼻咽后部相连。咽鼓管内壁由软组织组成,对咽喉的开口起到阀门的作用。在上升过程中,鼓室内的空气会经由此管排出。飞行员患中耳炎时,这个管会阻止空气经由此管进入鼓室。

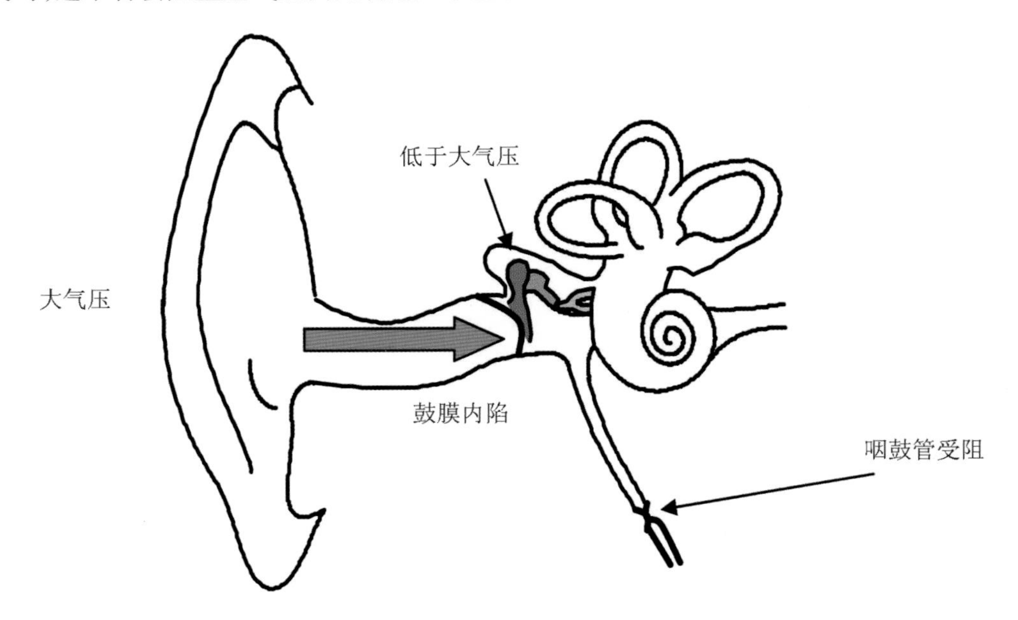

图3-2　中耳气压性损伤

感冒会引起咽鼓管内的软组织发炎。在下降期间,鼓室内气体的压力与外界压力无法保持平衡,严重的疼痛与损伤(甚至是鼓膜破裂)就会发生。这被称为中耳气压性损伤或气压损伤性中耳炎(如图3-2所示)。

预防

在下列情况下不要飞行:

➢感冒;

➢流行性感冒;

➢干草热。

减压病

减压病由体内的氮气析出引发,由于暴露于减压环境中,体内原已溶解的气体从体液析出到人体组织中。在海平面高度呼吸时,体内的氮气处于饱和水平,当高度上升时周围的大气压下降,体内的氮气超过了饱和界限，部分氮气从体液中离析出来在关节、皮肤或胸腔内形成气泡。气泡的位置与大小不同，症状也不同。减压病的症状及其出现的位置如下：

弯曲症	关节疼痛，如膝或肘关节；
起鸡皮疙瘩	皮肤发痒，可能伴随皮疹；
窒息	胸部疼痛，同时伴随干咳；
神经系统的影响	可能导致瘫痪，以及视力丧失；
摇晃	失去平衡，类似于醉酒后的行为；
昏迷	失去意识，甚至可能是死亡。

某些条件下更容易出现减压病：

高度	客舱高度超过18000 ft。25000 ft(8000 m)以上出现减压的可能性显著增加。
时间	在某一高度待的时间越长，出现减压病的机会越大。
年龄	年龄也影响减压病的发生。
体重	肥胖与超重的人更容易得减压病。
潜水	潜水会让氮气超出饱和界限。当高度上升时，氮气会从体液中离析出来。
爬升的速率	快速爬升时，减压病的症状出现得更快。
锻炼	最常锻炼的部位对减压病最敏感。
其他因素	疲劳、酒精、缺氧与感冒等。

再次飞行

患减压病之后的24 h内，再次飞行会增加减压病的易患性。在这种情况下，应至少减压48 h，才能再次飞行。

减压病的治疗

减压病可以通过预先吸氧(飞行前吸入纯氧)，以及之后在飞行过程中再度吸入纯氧加以避免。体内的氧气饱和会降低氮气的浓度，这样就可能降低出现减压病的风险。

如果还是出现减压病或者需要运送罹患减压病的患者，飞行员应当：

- 立即下降高度；
- 尽可能快地落地；
- 吸入纯氧；
- 让患者的身体保持暖和；
- 如果需要，在落地后将患者送到气压舱；
- **不要擦到受影响的部位**。

飞行与潜水

飞行前潜水会增加患减压病的风险。使用压缩空气会增加体内氮气的储存。当上升时，氮气离析出来会导致减压病。在使用压缩空气游泳后的12 h内不要飞行。**如果潜水深度超过30 ft(斯库巴潜水)，潜水后的24 h内不要飞行**。

潜水后，减压病在6000 ft的高度就会发生。现代客机的增压高度为6000~8000 ft。

第四章
飞行医学——健康和卫生

导言

个人卫生对我们所有人而言都很重要,而且,一个合格的飞行员在工作中必须和其他飞行员紧密合作,所以个人卫生对于飞行员就更为重要了。为了这个目的,体味和口臭的问题必须考虑。当然,爱好卫生的行为如刷牙、每天洗澡和使用除臭剂(必要情况下)等都应该是必需的。

飞行员代表了各自公司的形象,他们必须注意穿着和行为习惯。在工作中,干净和整洁的外表会给人一个职业飞行员的好印象。

更重要的是,维持个人卫生能够让飞行员保持健康。一个飞行员如果要执行许可认证规定的行为,那么他必须通过医学上的体检。

联合航空要求

欧洲国家民用航空认证已经对具体的航空要求达成了共识,具体请参见联合航空要求(JAR)。

JAR-FCL和ICAO附件1

JAR-FCL(对机组全体成员许可认证的联合航空要求)是关于机组全体成员的许可认证。ICAO附件1对个人许可认证提出了标准和推荐行为,并且为JAR-FCL提供了框架。

JAR-FCL和ICAO附件1都要求:执照申请者必须掌握与认证内容相关的人的因素方面的理论知识。

JAR-FCL第3部分详细描述了各类型许可证在医学方面的要求。这个文件详细描述了关于取得和维持身体适航方面的要求。ICAO文件提供了JAR要求的基本结构,其他部分则使用现行的欧盟相关规定。

医学上的合格

身体适航证书持有者其生理和心理均应是健康的,这样才能取得相应的执照。

医学体检要求

申请认证许可或者行使执照所赋予的权利时,申请者或者执照持有者应该通过与JAR-FCL第3部分规定条款一致的体检。

航空医学部门

当完成体检后,体检医生将会告知执照申请者其体检结果是合格、不合格,是否还需要进一步向上级或监管当局咨询。体检医生(AME)将告诉申请者,哪些方面的条件(医学方面、操作方面或者其他方面)未能符合规章要求,导致申请者无法获得相应的飞行训练或其他执照。如果体检结果表明,申请者不能够执行一个安全的飞行员才能执行的PIC(Pliot in Command)行为时,体检医生将会提供相应的参考意见,以便决定申请者的工作和责任。

低于体检标准

在任何情况下,飞行执照持有人或者飞行学生出现如下情况,使其无法达到体检标准时,应立即咨询体检医生并获得意见:

➢进入医院或者诊所超过12 h;

➢动手术或者器官移植;

➢长期服用药物;

➢需要长期佩戴视力矫正眼镜。

每一名通过与JAR-FCL第3部分条款相一致的医学体检的申请者,如果有如下情况:

➢任何重大的个人人身伤害,导致其不能够执行机组成员所要求的工作;

➢任何疾病,包括导致不能够执行机组成员所要求的工作的疾病;

➢怀孕。

如果出现上述情况,必须以书面形式将所受伤害或怀孕情况报告上级或监管当局,如果是罹患疾病,则应该在疾病发生的21天内尽早报告上级或监管当局。如果当事人受到人身伤害、处于疾病期间或者是确认已经怀孕,则当事人会被暂时停飞,除非:

➢如果是受到人身伤害或者是罹患疾病,当申请者已经通过上级或监管当局安排的体检并且表明可以作为机组成员工作,或者是上级或监管当局认为这种情况并不影响工作时;

➢如果是怀孕,上级或监管当局认为不影响工作,则可以不停飞,如果申请者在怀孕结束后参加了上级或监管当局安排的体检,并且体检结果表明可以重新作为机组成员工作时,则可申请返岗。

适合飞行

在每一次飞行之前,飞行员都应当判断自己适不适合飞行。飞行员应当了解,在地面上的一个微不足道的小毛病,在飞行时发作就可能导致一次致命的事故。随着现在品种难以计数的药物不断产生,其药效和可能的副作用等因素变得更加重要和更难以掌握。

体检合格证是飞行执照中最重要的附件,没有通过体检则不能够获得飞行执照。多数飞行员都或多或少地对身体健康有所忽视,如不良的饮食习惯、缺少锻炼、喝酒、擅自用药、吸烟等。这些都可能是飞行事故的原因之一。

血压

当左心室收缩将血液送出心脏时,动脉血压达到顶峰,我们叫它**收缩压**,这是血液通过大动脉离开心脏时所产生的压力。当心脏放松时,左心室的压力下降并且心脏的瓣膜关闭。大动脉进行收缩并且动脉保持压力,所以血液就能够继续平稳地流向毛细血管。

在连通大脑的主动脉和背主动脉之中,存在两类感受器,分别是颈动脉窦压力感受器和主动脉窦压力感受器，身体通过这两类感受器来对血压进行监测。

在心脏收缩阶段：

➢心室收缩；

➢心脏中的压力增加；

➢大动脉中的瓣膜被强制打开；

➢血液被压迫流向大动脉；

➢大动脉伸展以便容纳更多的血液通过。

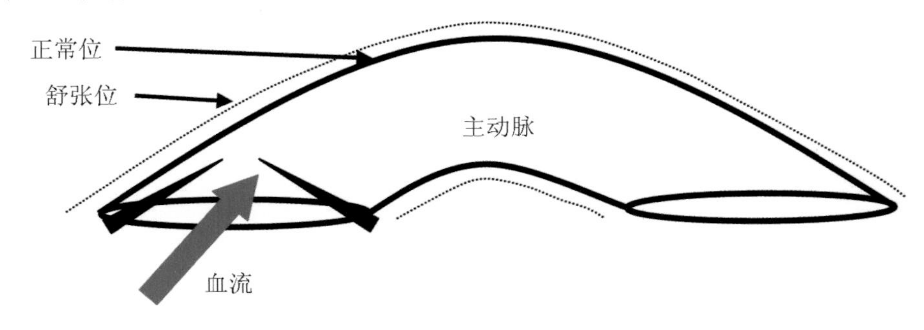

图4-1　血压的产生

动脉中最低的血压叫**舒张压**，表示小动脉和毛细血管对血流的阻力。心脏所产生的压力必须大过这个阻力。

在心脏舒张期间：

➢心室舒张；

➢心脏内的压力下降；

➢动脉中的瓣膜被强制关闭；

➢动脉血管壁收缩并恢复到原来的位置；

➢当心脏在休息时，血液仍然被推动流过身体的其他部分。

血压的产生如图4-1所示，血压是通过血压计来测量的，以毫米汞柱（mmHg）作为测量单位，被测试者需要保持坐姿，以其上臂的血压值为准。通常，血压是用两个值来表示的，如120/80，这表示**收缩压**是120 mmHg，**舒张压**是80 mmHg。

血压与年龄有关，世界卫生组织（WHO）对血压的范围界定如下表4-1所示：

表4-1　世界卫生组织对血压的范围界定

分　类	血压/mmHg	
	收缩压	舒张压
低于正常值	<100	<60
正常值	100~139	60~89
边界线	140~159	90~94
高血压	>159	>94

JAR-FCL第3部分规定飞行员血压超过160/95时，体检不合格。

高血压

如果身体处于休息状态，收缩压和舒张压仍然很高，则表明心脏仍然在加速将血液压入血管。特别是当血压高于140/90时，中风和冠心病的风险就会增加。长期的高血压将导致心血管系统的长期疲劳，最终导致心力衰竭。

高血压的起因目前还不清楚，但是至少与下列因素有关：

- 中到重度饮酒；
- 抽烟；
- 肥胖；
- 食物中的盐；
- 基因。

因为缺少预兆而引发心力衰竭和心脏病发作，高血压又被称为安静的杀手。外科手术、服用药物及改变生活方式都有助于控制高血压。

直立性低血压

直立性低血压指身体直立时，血压过低的情况。其症状为站立时会出现头晕眼花、视力模糊、眩晕，其他症状还包括胃疼、尿急、阳痿和出汗后导致皮肤干燥。

导致直立性低血压的原因

血压是由身体的多个组织来共同维持的。心脏是中心泵，一个虚弱或者不正常的心脏将导致直立性低血压。心律不齐、心力衰竭、健康状况恶化和怀孕也可能导致心脏不能提供充足的血压。心脏负责推动血液，如果身体所含的血液量太少（如贫血、脱水、透析等），血压就会下降。

身体内的血管通常会通过收缩来提高血压，但是如果这种收缩运动不够强，则血压将下降。热量，比如洗热水澡或者发烧，也能够扩大血管容积并且导致直立性低血压。

患有低血压和高血压的个体无法获得飞行执照。

重力加速对于血压的影响

正G（超重）将导致血液离开大脑，身体会自发调节以应对正G效应。通常而言，正G会使飞行员感觉到**灰视或眩晕**。

相反地，负G（失重）将推动血液向头部流动，这将导致眼睛充血，下眼帘会被强制上升并阻挡视线，这种现象称为**红视**。

献血

想献血的机组成员必须采取相应的措施，如献血后仰卧休息15~20 min并喝充足的水来补充血容量，这样可以阻止眩晕。由于飞行责任重大，建议机组成员在献血前咨询航医。

冠心病

全世界每年死于冠心病（CHD）的人数超过1000万。冠心病是一类疾病的统称，指的是任何会限制或者阻塞冠状动脉对心脏供血的疾病。限制或者阻塞冠状动脉的供血会对心脏带来部分或者全部的氧气供应不足，将导致心肌细胞的死亡，任何突然的非常规的心肌细胞死亡都被称为心肌梗死。如果心脏的大部分都发生了心肌梗死，人将会死亡，如果只是心脏的小部分被影响了，并且影响有限，患者也可能完全康复。

主动脉离心脏最近的两个分支是左右冠状动脉，如图4-2所示。这些血管遍布心脏的表面并最终形成一个密集的毛细血管网络，对心房和心室的肌肉细胞进行氧气供应。

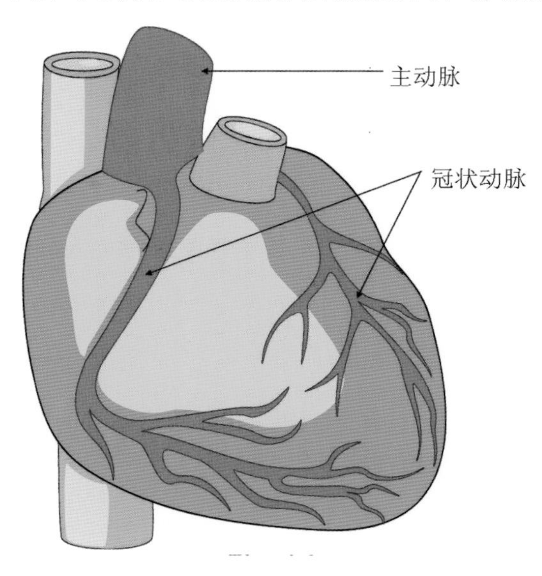

图4-2　主动脉与冠状动脉

动脉硬化

脂肪沉积在冠状动脉内会让冠状动脉变得狭窄。最初，脂肪会附着在血管的内层血管腔壁上，随着时间的增加，血液中的脂肪和胆固醇会不断加厚这些脂肪，随后，血液中的钙质让这些脂肪变得坚硬，形成硬化。沉积物越多，越影响血管的供血能力，心脏不得不更努力地跳动以便将血液输送到全身，最后可能导致血压升高。

人患上冠心病时，通常表现为以下三种症状中的一种：

心绞痛

当冠状动脉因为动脉硬化而变得狭窄时，通常会发生心绞痛。主要症状为胸腔中心发生的剧烈疼痛，并向左臂、脖子和下巴扩散。当患者用力或者处于受压状态时，心绞痛容易发作，当患者放松时疼痛则会停止。其原理是当人用力或者处于受压状况时心脏跳动得更快，心肌细胞要求供应更多的氧气。狭窄的冠状动脉限制了血液的流量而不能提供足够的氧气给心肌细胞，心绞痛就发生了。心绞痛不会损伤肌肉组织。

心脏病发作

心脏病发作也叫**心肌梗死**或者冠状动脉血栓。脂肪沉积在冠状动脉内部会导致血管内管壁不再光滑，这会干扰原本应该平滑流动的血液，而这些干扰将会导致流经此处的血液慢慢凝结而形成血栓。

心力衰竭

如果主冠状动脉有部分被堵塞，将会逐渐地损伤心肌细胞，结果是心脏变得越来越虚弱从而不能够有效地推动血液，最终导致心力衰竭。

可能导致冠心病的因素

根据可能性排序，可能导致冠心病的因素如下：

- 家族病史；
- 吸烟；
- 高血压；
- 高胆固醇；
- 缺乏锻炼；
- 糖尿病。

其他导致冠心病的因素如压力和肥胖，目前学术界还没有完全研究清楚，但是已确定它们对冠心病的形成具有间接作用，因为持续的压力将导致血压慢慢升高，而肥胖将迫使心脏跳动得更加快速。目前已经认定肥胖与二型糖尿病的形成有直接关联，因而肥胖也增加了冠心病的发病可能。

减少冠心病的发病可能

避免导致冠心病的主要发病因素，将会最大限度地减少冠心病发作的可能。飞行员应该：

- 不吸烟；
- 减少生活中的压力；
- 少摄入胆固醇和脂肪；
- 保持体重在正常的体重指数；
- 一周至少锻炼3次，每次应该至少20 min，运动强度要使心率加倍才能达到效果。

冠心病的检查和治疗

常规检查并不能准确地了解冠状动脉的健康状况。心电图则能够从心肌细胞的电子活动中得知冠状动脉的异常情况，如是否梗死或狭窄。如果要检查是否存在动脉的部分堵塞，则要使用动脉X射线摄影法。

中风

大脑的某个区域的血液供应被切断时会导致中风。中风有两种：

脑溢血　　大脑内的一根动脉发生了破裂，血液流进了脑组织（脑溢血）。

脑瘫　　因为动脉硬化而导致动脉血管被阻塞。

贫血

贫血是血液的缺少，也包括血液中血红蛋白的异常减少。血红蛋白负责运输氧气到身体各处，当血液不能够运输足够的氧气以满足身体的需要时，人将表现出贫血症状。贫血症状包括身体疲乏、头昏眼花、呼吸急促、面色苍白和消化系统功能紊乱等。

肥胖

如果摄入超过身体需要的热量，多余的热量将会被存储转化为脂肪。摄入过多的热量并且缺少锻炼将会使脂肪堆积，出现肥胖。肥胖将会使下列疾病的患病概率增加：

➢糖尿病；

➢高血压；

➢冠心病；

➢关节炎；

➢癌症，尤其是直肠癌、前列腺癌、子宫癌、子宫颈癌、乳腺癌等；

➢中风。

肥胖还会增加患疝气、静脉曲张和结石的可能。当一个人的体重超过标准体重的20%，或者**体重指数**高于30时，表示此人肥胖，见表4-2体重指数。

要减少体重，必须减少食物的摄入量。

体重指数

体重指数(Body Mass Index，BMI)是通过如下公式计算的：

$$BMI=体重/(身高)^2$$

其中，体重的单位是kg，身高的单位是m。

表4-2　体重指数

BMI		类型
男性	女性	
<20	<19	偏瘦
20~25	19~24	正常
>25~30	>24~29	超重
>30	>29	肥胖

肥胖引起的后果

糖尿病

糖尿病表现为新陈代谢紊乱，这种新陈代谢紊乱会影响身体对糖和淀粉的分解。对于正常人而言，胰腺会产生一种激素，叫胰岛素，胰岛素会帮助人体将糖转化为能量。这些能量通常被存储在身体细胞里或者立即被使用。糖尿病分为以下两种：

非胰岛素依赖型糖尿病　　胰腺能够产生胰岛素，但是身体不能够有效地使用胰岛素来分解糖分。

胰岛素依赖型糖尿病　　身体内缺少胰岛素，人体必须强制注射胰岛素。

非胰岛素依赖型糖尿病与患者的体重有关联。大多数非胰岛素依赖型糖尿病患者都超出了他们的理想体重20%以上。如果体重下降了，非胰岛素依赖型糖尿病通常会不治而愈。

冠状动脉问题

肥胖也是心脏病发作的一个关键因素。肥胖会导致心脏的左心室形状发生改变,从而增加猝死的风险。

痛风

当人体产生了过量的尿酸或者肾脏不能够将尿酸从血液中析出时,会发生痛风。其原因是尿酸会在结缔组织和关节处形成针状晶体,导致炎症、关节肿大和剧烈疼痛。膝盖、脚踝、脚、手、髋和肩关节是最容易发生痛风的部位。痛风会突然发生,关节会开始发炎、肿大、变红和无力。如果不加以治疗,痛风会持续多周。

关节炎

关节炎是指关节部位的发炎和变硬,通常会导致剧烈的疼痛。当关节变硬和疼痛时,行动就会很困难。关节炎会逐渐地让患者行动困难,并最终残废。肥胖会给身体的关节带来更多的压力,特别是膝关节和髋关节。

锻炼

虽然锻炼是很好地预防冠心病的方法,但是如果只是偶尔锻炼一次并不能够保证体重的减轻。要想有效地减轻体重,必须要定期锻炼(每周至少三次,每次至少持续20 min),并且其强度必须保证能够让心率加倍。

低血糖症

低血糖症是指血液中的糖分降低到一个比较危险的浓度。低血糖症的表现是身体疲乏、没有精神、头晕,严重的会发生虚脱和昏倒。

低血糖首先影响大脑和神经系统,进而影响人的情绪,比如易怒、不能做出准确判断和决定等。

糖尿病人注射了过量的胰岛素时会发生低血糖症,正常人长时间没有吃东西或者长时间的焦虑和过量的体力运动时,也可能导致低血糖症。

飞行员需要注意自身的能量摄入,飞行前要确保已经摄入了足够的能量,并且不能省略正餐。

快速缓解低血糖症的方法是喝一杯糖水或者直接吃糖。

热带病

如果身处公共卫生条件很差的地方,要想避免患热带病就必须依靠预防措施和保持个人卫生。

热带病指的是在高温潮湿的地区发作的疾病,这个地区通常指的是地球南北回归线之间的区域。

热带病被人们所熟知,是可以预防,也可以被现代医学治愈的。如果正确注意了个人卫生,并且配合基本的安全防患措施,就不会得热带病。机组人员必须保持警惕,并严格遵守卫生准则,避免患热带病。

水

被污染了的饮用水是最容易导致肠道感染的原因之一，可能产生：

- 腹泻；
- 痢疾；
- 伤寒和副伤寒；
- 霍乱；
- 血吸虫病。

这些肠道感染可能发展成很难治愈的慢性病。但如果注意水和食物的卫生，这些疾病都是可以预防的。飞行员要注意：

- 不要直接饮用自来水；
- 不喝有冰块的冷饮；
- 不用自来水刷牙；
- 不喝开封很久的矿泉水。

为了确保饮用水的安全，一定要将水煮沸3~5 min，热茶、咖啡和不加水的纯橘子汁是安全的。如果条件受限，无法将水煮沸，就要用化学药品对饮用水进行消毒。正规企业在严格的安全控制条件下生产的灌装水通常也是安全的，在户外咸水中游泳是安全的，除非附近有淡水河流的入海口。因为淡水河流可能会是严重热带病的源头，所以飞行员要避免在淡水河流中游泳。

食物

除了饮用不洁水会导致疾病外，吃了不干净的食物也会导致疾病，不干净的食物是导致腹泻和食物中毒的最常见的原因。在热带地区，人的排泄物普遍被用作肥料，并且通常使用露天积水或排水沟的水来灌溉农作物。在吃生蔬菜和水果时，一定要仔细清洗，不要吃沙拉，因为沙拉中的水果和蔬菜是使用当地水源清洗的。牛奶和奶制品也可能导致疾病。

食物中毒一般通指胃和肠道感染。食物中毒的急性发作会危及飞行安全。食物中毒偶尔会发生在登机时和飞行中，为了避免发生食物中毒，在起飞前和飞行中机组成员应该避免吃同样的食物。

腹泻

腹泻是一种全世界都很常见的疾病，主要表现为排出稀的大便。腹泻有可能会伴随严重的胃肠炎、恶心、呕吐、胃疼、寒战、肌肉疼痛和严重的身体不适。其感染通常是通过不洁食物、饮料或者唾液等渠道，病原是细菌、毒素和微生物。腹泻可能导致的剧烈的脱水和身体电解液的缺失（如钾元素），将会导致严重的飞行安全问题。

霍乱

霍乱是由霍乱弧菌引起的剧烈的肠道感染，通常是通过被霍乱病菌污染了的水或食物而进行传播的，其症状是腹泻和呕吐。如果没有及时治疗，死亡率将超过50%以上。如果对水源进行清洁杀毒和对排水沟进行正确处理，霍乱的传播就能够得到控制。注射霍乱疫苗能够在6个月内为身体提供保护。

伤寒热

最容易得伤寒热的地区是拉丁美洲、非洲和印度次大陆。在这些地方，感染的概率在$2/10^5$~$12/10^5$，死亡率大约在1%。

伤寒热是由几种沙门氏菌引起的高发热感染，通常是摄入了被患者的排泄物污染了的食物和饮料引起的。

阿米巴痢疾（阿米巴病、变形虫病）

阿米巴痢疾通常发生在热带地区和亚热带地区。病原体是一种叫作溶组织内阿米巴虫的致病原生物。阿米巴痢疾也是通过粪—口渠道进行传播的，被污染的水和食物内有阿米巴虫孢子。要想不感染阿米巴痢疾，必须对患者和可能感染者的排泄物进行个人卫生控制。阿米巴虫孢子对胃酸有抵抗力，一旦被摄入体内，就可以在胃部开始繁殖。

阿米巴痢疾会导致2~3周的胃痛，罹患此病症的个体，其排泄物可能带血或者黏液。严重的并发症会影响肝和肺功能。

昆虫传播的疾病

昆虫和昆虫媒介

在热带地区，高温、潮湿和漫长的夏季导致昆虫繁殖旺盛。在户外或者简陋的生活环境中，人体容易接触到昆虫，不利于健康。昆虫能够从以下方面影响人的健康：

➢传播或者散布疾病；

➢部分昆虫可以寄生在人体内；

➢有些昆虫是有毒的，它们能够给人体注入强烈的，甚至是致命的刺激物或者毒素。

蚊虫传播的疾病

最常见的蚊虫传播的疾病是疟疾，其他常见的由蚊虫传播的疾病包括：

➢黄热病；

➢登革热；

➢丝虫病。

疟疾

疟疾是一种急性、反复发作的疾病，其特征是高烧出汗后伴随寒战。潜伏期通常是8~9天，但也可能长达12个月。每年都有报告死于疟疾的跨国旅行者，因为旅行者通常没有认识到或者低估了在国外感染疟疾的危险，也可能是旅行者没有采取适当的保护措施，如服用预防药物等。

疟疾发生在热带和亚热带，主要的高发区是西非、东非和南非。如果没有采取适当的预防措施，每2500人（5架大型喷气式客机的载客量）到达这些地区，比如西非等地，可能将会有60人感染疟疾，并会有1人死亡。感染疟疾的风险会随着季节的变动而变化，在雨季和雨季之后感染疟疾的风险最高。

预防疟疾的措施包括减少暴露的皮肤(如穿恰当的衣服、使用驱虫药品),化学预防和及早诊断。氯喹和氯胍的结合使用是目前唯一适用于飞行员治疗疟疾的药品。

疟疾是致人死亡最多的热带病。

登革热

登革热是一种由黄病毒引起的,由伊蚊传播的疾病。经过2~7天的潜伏期,患者会出现高烧、剧烈的肌肉和肢体疼痛、头疼和不适。

由苍蝇传播的疾病

家蝇在不卫生的环境中会传播胃肠道疾病。叮人的苍蝇会传播巴尔通氏体病、白蛉热和黑热病,这些病在有些热带地区是流行病。舌蝇是中非的锥虫病(非洲昏睡病)的传播媒介。

另一些引发疾病的昆虫

美国中南部地区的臭虫(属猎蝽科)是查格斯病的携带者。

跳蚤是瘟疫、鼠型斑疹伤寒和条虫病病原体的携带者。

扁虱是多种疾病的病原携带者,如落基山斑疹热、Q型热、科罗拉多壁虱热、脑炎和土拉菌病。它们也会引发壁虱性麻痹。柔软的扁虱传播多种热病。

节肢小寄生虫和白虱是斑疹伤寒症和发热性脑炎的传播者。

蟑螂和臭虫由于经常出现在不卫生的环境中,常常被人认为是疾病的传染源,但实际上它们并不是疾病的自然带菌者。

肝炎

A型肝炎(甲肝)是一种急性病毒性毒菌引起的肝脏传染病。它的传播途径是摄入的食物和饮料被病患者的排泄物或唾液污染。肝炎是由有传染性的或有毒的物质所引起的,这些物质包括:病毒、原生动物螺旋菌、细菌等。未加工的海产品和牡蛎是一个主要的传染源。

肝炎的恢复是缓慢的,死亡的概率也会随着患病时间的增长而增加。自1992年以来,随着一种很有效的疫苗被使用,这种现状得到了改变。

B型肝炎(乙肝)是通过体液传播的。

免疫力

在不同国家之间执飞国际航班的飞行人员应当具有免疫力,这是医学要求。是否满足这种要求通常由公司决定。

狂犬病

狂犬病在许多国家都是普遍存在的,主要发作地区是拉丁美洲、非洲和亚洲。这是一种易传染的、致命的疾病,人被感染的动物诸如狗、蝙蝠等咬伤后即被传染。全世界每年有35000~50000人死于该疾病,其中85%的死亡病例发生在亚洲。

狂犬病的潜伏期为3周~120天，除非使用特殊的疫苗，否则这种病的死亡率几乎是100%。

烟草与吸烟

在20世纪50年代，吸烟与肺癌之间的关系已经被人们所认识。20世纪60年代的研究发现，吸烟是诱发冠心病的重要因素。烟草的烟雾由两部分组成，一部分是通过滤嘴或纸烟末端产生的主流烟，另一部分则是烟草前端燃烧产生的侧流烟。

吸烟的房间里大约85%的烟雾是侧流烟。香烟的烟雾里最多可含有4000种不同的化学物质，而侧流烟比主流烟的浓度更高。不吸烟的人在有人吸烟的地方也会吸入烟雾，称为被动吸烟，这会导致患有与吸烟有关疾病的人数增加。

香烟烟雾里有三种主要成分会对人类的健康造成威胁，它们是焦油、一氧化碳和尼古丁。焦油附着在整个支气管和肺泡中，使受害者感到呼吸困难，因为它阻碍了呼吸通道并损伤肺泡。慢性支气管炎引起呼吸障碍。一个长期吸烟的人可能患肺气肿并伴有慢性支气管炎。

慢性支气管炎　肺的清洁功能被烟草烟雾中的焦油所抑制。焦油通过呼吸道进入，刺激黏膜，引起更多的黏液分泌。分泌出的黏液积聚在细小的支气管中就会阻碍空气的流通。污垢、细菌或病毒等就会聚集在黏液中——这就是引起我们常说的“吸烟者咳嗽”的原因。

肺气肿　肺由于慢性支气管炎的影响容易受到感染。炎症出现后，一种被称为胰肽酶E的酶也就产生了，这种酶会导致肺泡爆裂，使肺泡失去弹性，其结果是气体交换只能在较小的表面区域进行。极端的案例是，病人需要靠不断地吸氧来维持生命。

一氧化碳

一氧化碳（CO）是碳化合物不完全燃烧的产物，通过呼吸作用吸入体内。随着海拔高度的增加，一氧化碳的毒性也相对增大。一氧化碳从肺泡中进入血液，同氧气争夺血红蛋白。血红蛋白对一氧化碳的亲和力比氧气要大得多（大约200倍），并以稳定的碳氧血红蛋白化合物的形式存在，由于这个原因，呼吸可利用的氧气数量可能减少到只有10%。

一氧化碳是致命的，它无色、无嗅、无味。在空气中它的半衰期是4 h。

空气中不会自发地产生一氧化碳。它的影响具有累积效应，而且不容易消除。供氧也不能直接消除其影响，往往需要几天时间才能完全消除一氧化碳对身体的不良影响。一氧化碳会导致组织缺氧，身体反应与正常相比，就如同高度增加了8000 ~ 10000 ft一样。

一氧化碳中毒的症状是：头痛、头昏眼花、虚弱、恶心、心跳加快、呼吸衰弱和死亡。一氧化碳中毒死亡之后，人的嘴唇和面颊呈红色。

尼古丁

尼古丁使动脉血管收缩刺激交感神经系统，这种刺激使肾上腺释放出肾上腺素。尼古丁被吸收进入血液和进入大脑只需要几秒钟的时间。肾上腺素的释放使心率加快、血压升高、动脉变窄，会减少诸如手、脚等身体末端的血液供给。肢体远端缺氧可能会引起坏疽从而导致截肢。

药物与药物治疗

药物是一个很难定义的术语。从广义上讲，药物是一种作用于身体或使用于皮肤的化学物质。更普遍的术语把它描述为对身体新陈代谢的某些方面产生干扰的物质。药物的作用是为了改变疾病的进程（如止痛药或抗生素等）或改变神经系统的工作方式（如LSD、吗啡，甚至酒精等）。

用药健康常规

无论是谁，不管什么原因，只要感觉不适就不应该飞行。通常身体不适是不利于飞行安全的。

擅自用药也是危险的，对飞行员最好的建议是飞行时不要服用任何药物，药物不能同飞行混在一起，许多药物的副作用会使飞行员在空中失能。如果因生病或疼痛需要治疗，飞行员最好不要执行飞行任务。

药物

最安全的原则是在飞行期间不随意用药，除非有航医的批准，由于摄入药物可能对飞行安全不利，这个要求是必需的。服用后对飞行安全影响较大的药物包括：

- 抗组胺剂类（普遍用于治疗干草热和一些过敏症）；
- 镇静剂类（用于缓解神经性紧张、过度紧张和其他病症）；
- 降体重类药物（安非他命和其他一些抑制食欲的药物能使人产生安宁的感觉，从而对人的判断力产生不利的影响）；
- 巴比妥酸盐、神经滋补剂或口服避孕药（用于助消化和调节机体紊乱的巴比妥酸盐对神经的敏感性会产生显著的抑制作用）。

由于飞行员对药物的反应存在不可预知性，针对微小病痛的正常用药也可能危及飞行安全，这些药物包括处方药和非处方药。

过敏反应

某些人可能会对药物产生不适或出现过敏反应，对药物的过敏反应会出现意想不到的情况和突发失能。

特异体质

由于体质的差异性，一些有特异体质的个体可能以不寻常的和意想不到的方式对特殊的药物起反应。

同时服用多种药物的协同效应

药物通过化合可能产生特别的效应。

同时服用两种药物，可能使药效相互抵消、相互增强，或者产生副作用。

药物的副作用可能导致飞行员出现错误和事故。如下列药物：

抗组胺剂类药物　抗组胺剂类药物是普通的处方药，常用于治疗干草热、过敏症和感冒。瞌睡和头晕是这类药物共同的副作用，可以使人出现反应能力和方向感下降等问题。

鼻子的抗充血药物	这类药物会引起鼻子灼热、刺痛和改变鼻子的血液流量。
阿司匹林(解热镇痛药)	这类药物的副作用包括使体温无规律、呼吸的频率和呼吸的深度变化、组织缺氧和换气过度、腹泻、胃肠不适以及使血液的凝结能力下降等。
抗酸剂类	这类药物在体内会产生二氧化碳,在高海拔高度,由于胃内气体膨胀会导致剧烈的腹部疼痛。
安眠药和镇静剂	这类药物可能引起嗜睡、恶心、情绪低落、敏感性降低、反应时间和注意力受到影响、视觉模糊、严重影响智力及对易患病体质者的心脏不利。
减肥药和增强机体活力的药物	这类药通常含有安非他命。它们给人情绪高涨的感觉,使人产生错误的自信,而事实上削弱了人的判断力和易造成行为不计后果的错误。
巴比妥酸盐和去痛药	这类药物常被用于减缓焦虑和减轻疼痛,对神经具有抑制作用。
咳嗽药	这类药物会抑制中枢神经系统,降低人的反应能力,服用此类药物的个体有服药过量的可能性。
抗运动病药	这类药物会引起睡意、影响大脑功能及判断和决策能力的下降。
利尿剂	这类药物会使身体的渗透功能失去平衡。

酒精

酒精很容易影响飞行员的感、知觉和操作能力,具体服用多少酒精会产生上述影响还不清楚。

即使只饮用少量的酒,也会使判断力发生混淆,从而导致反应能力和飞行的准确性降低,缺乏判断力,影响空间定向能力。

酒精的量

一单位(1 oz≈28.3 g)的酒精相当于:

- 一标准量杯的红酒;
- 一小杯白酒;
- 1/2 pt[①]的啤酒。

准确的定量是一瓶啤酒相当于15 mL或9 g纯酒精。

酒精会非常迅速地被吸收进入血液和组织,但酒精在体内代谢的速度有限,大概为每小时1到1.5个单位。酗酒会大大地增加酒精代谢的时间。

内耳中的淋巴液同样会吸收酒精,酒精在内耳淋巴液中的代谢速度比身体的其他部分慢,可导致前庭系统出现问题。

血液内酒精的存在会妨碍通过组织膜的氧气的正常利用,引起中毒性缺氧。与在海平面飞行相

①1 pt=568.26 mL。

比，因为高海拔飞行时的氧分压更低，血红蛋白携带氧的能力变弱，使得酒精的影响要显著得多。在高海拔地区摄入同样数量的酒精，其负面影响是海平面的2~3倍。

酒精有类似镇静剂和麻醉剂的效果，执行飞行任务前夜的狂饮是危险的，因为很可能在执行飞行任务时酒精的影响还没有消除。

JAR-OPS 1.115——关于酒精与药物的规定

飞行员在有酒精和药物的影响，或者处于身体不适的状况时，不能执行飞行任务。

JAR-OPS关于飞行员的规定：

- 执行飞行任务或待命前8 h以内饮酒必须报告；
- 飞行期间，血液内的酒精含量最多不能超过10.2 g/L的水平（20 mg酒精/100 mL血液）；
- 在飞行和待命期间禁止饮酒。

代谢大量的酒精需要的时间会更长，飞行前24 h内禁止大量饮酒。

酒精的推荐标准

健康委员会建议，男子每周饮酒应限制在21单位以内，女子每周饮酒应限制在14单位以内。如果男子每天饮酒超过6单位、每周超过30单位，或者女子每天饮酒超过4单位、每周超过20单位，那么他（她）们罹患与酒精有关的疾病的概率会增加50%以上。

通常能够对身体带来损害的血液酒精含量标准是：

0.05%——愉快（压抑得到释放）；

0.11%——胡言乱语和步态蹒跚；

0.20%——过度亢奋（步态不稳）；

0.30%——思维混乱；

0.40%——头晕目眩；

0.50%——昏迷；

0.60%——呼吸麻痹和死亡。

酒精中毒

酒精中毒是一种疾病。许多人都给它下过定义，世界卫生组织给出的公认的定义是：

“酒精中毒者就是那些过度饮酒的人，他们对酒精的依赖已达到相当的程度，导致显著的思维混乱以及生理问题、心理健康、人际关系、社会交往和经济状况都受到负面影响，或者在这些方面都有显著的变化。”

生理问题与酒精中毒

酒精中毒或酒精滥用的早期，不会或很少出现身体症状，但是重度的酒精中毒有明显的身体症状，这取决于酒精中毒的程度。

这些身体症状包括消化系统功能紊乱，如溃疡、胰腺炎和肝硬化等。

酒精依赖者的行为可能会更具敌意、反社会性和好斗。

酒精与睡眠

酒精作为一种放松的饮料被飞行机组成员广泛使用。偶尔社交式的饮酒不会影响一个人的健康。大量的酒精对个体健康的影响是严重的，会导致类似慢波睡眠和快波睡眠之间的睡眠一样的昏迷。持续饮酒会导致极度的疲劳,因为缺乏适当的睡眠。

咖啡因

咖啡因对中枢神经系统有刺激作用,在咖啡、茶、巧克力和可乐类软饮料中都含有咖啡因的成分。如果持续地每天饮用6~8杯通常浓度的咖啡或茶,人的身体就会对咖啡因产生依赖性,其症状包括消化系统问题(如溃疡等)、增加心跳停止的危险、高血压、失眠和情绪低落等。一次性摄入超过200 mg的咖啡因,就会影响工作表现。

有毒的原料

所有的飞行员都暴露在多种有毒的化学物质中,了解这些化学原料对人的影响对飞行员来说是很重要的。

毒物学

毒物学的定义是:

"研究物质对活的生物体及生物系统的毒性作用的机理和特性的科学。"

物质的毒性决定于曝光量、剂量和暴露时间。

毒性物质能影响身体的所有器官。主要器官如肺、肝脏、肾、皮肤、眼睛、神经系统、生殖系统、心脏和免疫系统等都会受到影响。

航空燃油(AVGAS)

暴露可以发生在处理、存储,或者发动机维修期间。蒸发的燃油可能通过肺的吸入而被人体吸收,液态的燃油可能通过皮肤的接触而被直接吸收。飞机燃油挥发而成的烟雾对上呼吸道有刺激作用,身体如果接触高速喷雾状的飞机燃油就会导致皮肤烧伤,较长时间的暴露可能导致对中枢神经系统的影响,例如过度兴奋、混淆、晕厥或死亡。

JP4和JP5

JP4和JP5是喷气发动机的燃油,JP4是65%的煤油混合35%的汽油,JP5是纯粹的煤油。通常这两种燃油都是通过口鼻吸入,直接摄入体内的案例是十分罕见的。它们可引起头痛、恶心、混淆和睡意,较长时间的皮肤暴露可导致二度烧伤。

乙烯乙二醇

防冻剂、液压机液体、冷凝器和热交换器含有乙烯乙二醇,一旦摄入会有生命危险。

甲醇

防冻液中的甲醇会引起视觉模糊、头疼、眩晕、恶心和呕吐。如果大量摄入可导致失明。

亚甲基溴氯(CBM)

某些灭火器内含有这种物质,通过吸入或皮肤接触而被吸收。CBM被认为是安全的,对人体无害。

卤代烃

这类气体是天然气的稳定剂，在模拟机房常用来代替灭火液。长时间暴露于此类气体下会导致心律不齐，但数分钟的暴露对人体是无害的。

液压机液体

液压机液体是石油基且易燃，燃烧时会产生碳酰氯，这种有毒气体会对呼吸系统产生影响。当水压输送管线断裂时，在压力作用下液压机液体会形成薄雾，可能被人体吸入。

塑料

塑胶在燃烧时会释放出一氧化碳和其他有毒气体，这些有毒气体通过呼吸被吸入，燃烧的塑胶产生黑烟、毒烟，使人透不过气并迅速失能。

水银

水银是一种金属，在常温下呈液态。有毒的水银蒸气可通过呼吸被吸收。慢性暴露于水银蒸气下会导致神经异常兴奋，或者战栗和齿龈炎，还会影响肾功能。急性暴露于大量水银蒸气下会影响中枢神经系统。

失能

飞行员失能引发飞行事故并不罕见，飞行员必须通过训练以应对此类问题。

尽管有严格的体检标准，飞行员失能的现象还是时有发生。看起来，暂时性的失能可能比完全失能要好得多，但事实上，暂时性失能也会遇到同样多的问题。许多暂时性的失能是由于胃肠不适引起的。

失能可以分为两类："明显的失能"和"潜在的失能"。

明显的失能　明显的失能发生时，其他机组成员能立即发现。突然发作的失能使得当事飞行员无法再执行飞行任务。其发生前可能没有任何征兆，在飞行的任何阶段都可能发生，但最可能发生在飞机进近和着陆阶段，在接近地面时飞行员失能将导致直接的危险。

通过不断地对彼此间的行为进行监控，飞行员失能的早期症状可以被其他机组成员发现，这需要机组成员在起飞、爬升、进近和着陆阶段注意监控飞机的飞行状况，出现任何形式的背离飞行标准的情况都要立即询问。

潜在的(不明显的)失能　识别潜在的或不明显的失能是比较困难的，因为它的表现不显著。由于这类失能没有什么预兆，对其预知和注意都是困难的。这种形式的失能的危险在于，当机组成员注意到失能产生的影响时，时间可能已经不够了。

痉挛和晕厥

出现意识丧失这类情况的飞行员不适合继续持有飞行执照。但痉挛和晕厥两者(引发突然的意识丧失)的处理有所不同。晕厥可能被永久性地吊销执照，而出现痉挛的飞行员，其执照可能只是暂时被终止或受到限制。

痉挛期间通常会出现类似癫痫病的表现。晕厥是脑部血液供给的扰乱导致意识的改变。

癫痫病

癫痫病是大脑异常放电所引发的一系列症状的总称,通常划分为轻度和重度。记录大脑常规活动的脑电图(EEG)通常可以发现癫痫病,患有此类疾病的个体无法取得飞行执照。癫痫分为两类:

癫痫大发作更为常见,疾病发作时伴有抽搐和身体失控。

癫痫小发作相对少见,发作持续数秒钟伴随注意力丧失。

晕厥

晕厥较为常见,因为多种原因都会导致个体晕厥,如休克、失血过多、应激、血流梗阻、低血糖等。晕厥的基础机制是血液对大脑的供氧突然减少。

如果晕厥的原因是可预见、可预防的,通常不会影响飞行,但可能有飞行执照方面的限制(如仅允许双飞行员飞行)。

胃肠炎

胃肠炎一般是由食物中毒引起的,在旅行者中较为普遍。其症状是恶心、呕吐、腹泻、腹痛和发烧。这种疾病通常持续时间较短,在得病期间飞行员不适宜飞行。其不良症状通常要持续2~3天,如果症状持续时间超过72 h,应及时就医。

加速度

身体能够承受的加速度有极限,由加速度的强度和持续时间决定此极限。一般地,加速度被分为两类——瞬时加速度和长时加速度。

瞬时加速度

瞬时加速度通常是由于撞击形成,加速度持续时间少于1 s。身体能够承受的加速度取决于身体本身的强度。

- 在垂直轴方向身体能承受25 G的瞬时加速度;
- 在矢状轴(前后轴)方向身体能承受45 G的瞬时加速度;
- 在横轴方向身体能承受10~15 G的瞬时加速度;
- 任何超过以上标准的加速度都会对身体造成伤害。

长时加速度

长时加速度是指加速度持续时间大于1 s。我们人类在过去的进化过程中,已经习惯了重力作用于身体,但在飞行科目中加速度力对身体的影响与在地面上遇到的情况大不相同。对长时加速度的值通常是用“正G”或“负G”(“+G”或“-G”)来表示。

正G 感觉到身体的重量好像增加了,这就是正G的作用,它使身体的自由运动变得更加困难。较高的加速度力会使脏器偏离正常的位置。前面已经解释过,血压是以上臂部的压力为标准的,因为此处与心脏的血压是相同的。人站立时,头部的血压要比心脏水平的血压低,而脚部的血压则比心脏水平的血压高。正G使身体的血液流向下肢,使头部的血压降低。在过载时,眼睛和大脑处于缺血状态。当G值增加时,飞行员首先注意到的是它对眼睛的影响,如**灰视**,视景逐渐变成灰色,接着意识变得模糊。如果飞行员完全没有防护,大约在3.5 G加速度时出现灰视。通过拉紧腿部和腹部肌肉,飞行员可以承受更大的加速度,要到7~8 G时才会出现灰视和意识模糊。军用飞行员使用重力衣(抗荷服)来帮助承受长时加速度。

许多因素包括缺氧、换气过度、过热、低血糖、吸烟和酒精都会降低过载的耐受力。

负G 负G的影响与正G的影响是完全相反的。在飞机上进行负G操作比正G操作产生的不舒服感更明显,会出现面部疼痛,极端的情况下会发生小血管爆裂。负G往往和“**红视**”相关联,血液冲击眼睛下部的下眼睑。负G的最大极限被确定为-3 G,而且只能持续较短的时间。

线加速度

线加速度与外部轴旋转有关。只要飞机改变运动趋势就会产生从中心向外的线加速度。

角加速度

角加速度是指飞机以飞行员身体为轴的旋转。只要旋转的速度变化,或者绕一个轴转动时增加了绕第二个轴的转动,就会产生角加速度。

运动病(空晕病)

虽然运动病在飞行员中是不常见的,但也偶尔会发生。它会降低飞行效率,特别是在需要集中注意力的时候(如仪表飞行等)。当身体的感受与视觉感受发生冲突时会产生运动病,飞行学员更易产生运动病。

连续刺激控制平衡的内耳会引起运动病。其症状和问题有:

- 过多的唾液分泌;
- 大量出汗;
- 感到恶心和失去对方向的判断;
- 呕吐。

在极端情况下,空晕病会使飞行员失能。

飞行员如果服用了抗晕药物,则不能执行飞行任务。因为这些药物会影响中枢神经系统,降低飞行员的工作效率。当需要克服晕机时,下面的方法可以提供帮助:

- 打开通气孔;
- 解开衣服;
- 补充氧气;
- 眼睛看驾驶舱外并保持一段时间的直线水平飞行;
- 避免不必要的头部运动;
- 尽快着陆。

第五章

航空医学——饮食及消化

导言

所有的细胞活动都需要能量。人类从消化的食物中获取能量。食物主要分为以下三大类：

➢碳水化合物；

➢脂肪和油类；

➢蛋白质。

一份完整的食谱还必须包括矿物质盐类、维生素、微量元素、水和粗粮(纤维素)等。人体无论是休息还是活动时都需要能量，因此人体所摄入的食物必须提供足够的能量以维持生命，同时还要为没有进食时的人体储存能量。

碳水化合物及脂肪

碳水化合物包含了碳、氢和氧元素，是人体中最直接的能量来源。碳水化合物是肌肉的主要燃料，并且是神经系统中唯一可使用的燃料。

碳水化合物分为三类——单糖、多糖和淀粉。

人体将所有的碳水化合物转化为葡萄糖。如果得不到碳水化合物，人体就会产生名为酮的一类有毒物质。人体需要碳水化合物来完成脂肪的氧化反应。碳水化合物含量高的食物有面包、大米和土豆。当摄入的碳水化合物超过所需时，多余的碳水化合物会被转化为脂肪储存起来。

脂肪

脂肪也包含了碳、氢和氧元素，但是含氧量较碳水化合物更少。脂肪需要氧化来产生能量，但是每2 g脂肪需要1 g碳水化合物来完成这样的氧化反应。同样重量的脂肪比同样重量的碳水化合物体积更小，并且同样的质量可以产生两倍于后者的能量，因此更便于存储能量。但脂肪被消化需要比碳水化合物更长的时间。

蛋白质

蛋白质，如同脂肪和碳水化合物一样，包含了碳、氢、氧元素，还有氮元素和硫元素。蛋白质是食物中很重要的部分，因为它可以提供氨基酸来帮助人体建构新的细胞质。

细胞质是细胞的一种要素，是构成活性组织的细微单元。

氨基酸是蛋白质的构成组分。

蛋白质可以分为两类：

一级蛋白质存在于肉类、鱼类、鸡蛋、牛奶和奶酪中，包含了所有的基本氨基酸。

二级蛋白质不含有或者很少含有基本氨基酸，存在于蔬菜等食物中。

饮食

我们的饮食必须提供足够的能量，以维持生命。计划饮食时要把所有不同的食材所产生的能量相加计算在内。为了维持生命，人体必须生产：

热能　以使体温恒定在36.9℃左右。

机械能　以保证我们工作的有效进行。

碳水化合物通过消化可以提供人体需要的所有能量。蛋白质，作为能量的一种来源，也可以为人体提供所有的能量。为了满足需求，我们每天大约需要150 g的肉类。这样的成本是很高的。脂肪无法单独地为我们提供所需能量，因为需要碳水化合物将其分解为身体可以吸收的成分。

一份均衡的食谱通常意味着三种形式食物的均衡。建议食谱（如表5-1所示）应该包括：

表5-1　建议食谱（每天）

	摄入量	摄入的卡路里
蛋白质	25 g	500 cal
脂肪	125 g	1125 cal
碳水化合物	400 g	1600 cal
	卡路里总摄入量	3225 cal

矿物质盐类

我们都知道，身体需要摄入普通的盐类——氯化钠。另外，众多其他矿物质盐类对于人体的正常运行也是很有必要的。

钙　钙对牙齿和骨骼的形成是很重要的，肌肉收缩也需要钙。我们骨骼的近30%都是钙。钙存在于组织液、绿色蔬菜和牛奶之中。

磷　磷与钙结合可形成磷酸钙，这是使骨骼和牙齿正常生长的基本盐类。磷存在于蛋白质之中。

镁　镁对骨骼的形成和细胞的正常机能是很有必要的。肉类是人体获取镁的主要来源。

钾　钾在肌肉的运动和神经冲动的传导过程中必不可少。

钠　钠帮助维持人体的渗透平衡、辅助肌肉的运行和神经冲动的传导。

氯化钠　氯化钠以普通盐类的形式进入身体。氯化钠是我们血液的一种重要成分，它控制渗透压和组织液。氯化钠还可以为胃提供形成盐酸的物质，其中盐酸是胃中的基本液体。肾脏可以通过尿液排出盐，皮肤可以通过汗液排出盐。如果人体流失大量的盐，就必须补充以维持体内平衡。

氯化钾　氯化钾和氯化钠一样，氯化钾帮助维持细胞内渗透压。钾主要存在于蔬菜中。人体必须维持氯化钠/氯化钾的平衡。如果缺乏氯化钠，血液中的氯化钾就会替代它。过量的钾对心脏有害。

铁 铁是血红蛋白的一种重要成分。饮食中缺少铁的摄入可以导致**贫血**。贫血是一种红细胞或者血红蛋白缺乏的病症。铁存在于肉类、水果和绿色蔬菜中。

碘 碘对于甲状腺的正常运行是很有必要的。这些腺体控制着人体的新陈代谢和生长。

锌 锌是一些酶的必要成分,同时,锌对胰岛素的正常分泌和功能执行也很重要。

维生素

微量的维生素对于人体的正常新陈代谢是必需的。主要的维生素有:

维生素A 它用于维持眼睛的视网膜机能。它存在于牛奶、脂肪、黄油、肝脏、油类、蛋类和绿色蔬菜中。缺乏维生素A会引起夜盲症。在更严重的情况下,缺乏维生素A会导致青少年发育不良,眼睑黏膜干燥和角膜角质化(指眼角膜表面覆盖一层硬膜)。

维生素B群 它是一大类水溶性维生素,存在于酵母、肝脏、牛奶、绿色蔬菜和面粉中。人类食物中三种B群维生素是很必要的:B_1、B_2和烟酸。缺乏维生素B_1会导致脚气病。缺乏烟酸会导致培拉格病,这种疾病会引起心智受损和嘴、皮肤发炎。

维生素C 它帮助皮肤和黏膜的正常运作,存在于新鲜的水果中,并微量存在于熟的蔬菜中。缺乏维生素C会引起坏血病,这是一种身体各处出血的疾病。

维生素D 它是一种脂溶性的维生素,存在于鱼肝油、蛋类、黄油和乳酪中。人体可以通过晒太阳将自己身体内的维生素A转换成维生素D。缺乏维生素D会导致儿童出现软骨病,这是一种身体中骨骼畸变的疾病。成人缺乏维生素D,可导致骨软化。没有维生素D,钙和磷就不能结合成对骨骼和牙齿健康很重要的磷酸钙。

维生素E 它存在于谷类、肉类和莴苣中。它对人体的作用还未真正研究明确,但是已知缺乏维生素E会引发不育。

维生素K 它对血液凝固很必要。一般不会出现缺乏维生素K的情况。

微量元素

人体还需要很微量的其他元素,如氟、锰、钴、锌和铜,用于一些比较特殊的身体功能。

水

一份完整的食谱中,还必须包括水和纤维素。水是构成细胞质的要素,并对体液的平衡很重要。实际上,人体有70%是水。因为水通过人体的汗液、尿液和呼吸而不断流失,需要持续的补充以防止脱水。

纤维素

人体无法通过胃肠道消化吸收食物中的纤维素。纤维素的一个重要作用是可以帮助粪便更快通过肠道而排出体外,如果粪便在肠道中停留时间较长,可能会导致毒素的积累,最终使毒素进入血液。

消化

食物经过消化，必须转化为可溶的、可扩散的物质，才能被人体吸收。这些物质必须可以通过小肠壁进入流动的血液中。食物的消化和废弃物的排泄过程就是消化。它发生在消化道中，形象地来看，消化道可以被看成是一个长管，它始于口腔，结束于肛门。

消化道

口腔

口腔是通向外界的一个椭圆形腔体。它包括两部分，外部即牙齿之外、嘴唇和脸颊之内的部分，内部即口腔的真实空腔。

牙齿

口腔里面就是牙齿。包覆在每颗牙齿之外的是牙釉质，这是一种含磷和钙的坚硬物质，牙釉质下面是一层很厚的像骨一样的物质，称为**牙质**。一个正常的成年人有32颗牙齿（8颗门齿，4颗犬齿，8颗前臼齿和12颗臼齿）。

唾液腺

口腔内有三对唾液腺，分别是：

➢腮腺；

➢颌下腺；

➢舌下腺。

口腔中的消化

牙齿将食物切成小碎片，然后将食物与唾液腺分泌出来的唾液混合。唾液中含有两种分泌物：

➢一种分泌物是由神经刺激产生的（例如，由于看到或者闻到食物而流口水）。

➢另一种分泌物是在口腔中有食物时分泌的。

唾液是一种无色、黏稠、略带碱性的液体。它主要由水构成，同时含有盐类、黏液素和唾液淀粉酶（一种消化淀粉的酶）。唾液有重要的消化作用。它将食物变得潮湿润滑，帮助吞咽，并部分溶解食物，这一过程会产生味觉。唾液淀粉酶通过将之转化为糖类而消化淀粉。

正确地咀嚼食物是很重要的，因为食物是通过唾液和其他消化液来消化的。

咽和食管

口腔的尽头是一个圆锥形的腔体，长12~14 cm，称为咽。它连接着大约25 cm长的食管。食管位于气管和脊柱之间。穿过胸腔，食管经过横膈膜进入腹部，在贲门处与胃相连。

吞咽

蠕动是肌肉将食物沿着食管向下运输的活动。它使食管壁肌肉像波浪一样放松与收缩交替运行。

胃

胃处于腹中，紧挨着横膈膜下方。根据胃里面食物的多少，胃的大小会相应发生变化。

胃内的消化

食物从食管进入胃中。食物的存在刺激胃腺产生胃液。胃液是一种清澈、无色的强酸，可以消化蛋白质，并且可以杀死细菌、凝固奶制品。

食物转变为一种名为酸食糜的半液体状团聚物。酸食糜缓慢流进十二指肠，这是小肠的第一段。食物的缓慢流动是很必要的，因为十二指肠中的液体要使酸性食物变为碱性食物，这需要时间。

小肠

人类的小肠大约有6 m，由十二指肠和一段曲折缠绕的肠体部分组成。十二指肠长约25 cm，缠绕着胰腺，开口从胆管（从肝脏和胆囊而来）连接着十二指肠，从胰腺连着胰腺管。

小肠中长且盘曲的部分位于腹部的中下部。

小肠内的消化

当酸食糜进入十二指肠后，就会产生一种名为**肠促胰液素**的激素。这种激素进入血液中就会刺激胰腺产生胰液。**胰液**是无色、含有固体颗粒的碱性液体。这些固体颗粒有脂肪、蛋白质和淀粉。

同时，酸食糜刺激肠腺来产生肠液，肠液可以将酸食糜转化为可消化的形式。它也可以刺激胆囊来排出胆汁。**胆汁**是在肝脏里产生的，储存在胆囊中，主要由分解的红细胞构成，是一种黄绿色液体。胆汁对于消化是很重要的，它可以乳化脂肪。胆汁同时也是一种弱防腐剂，还是十二指肠中的润滑剂。

大肠

大肠连接着小肠，长约1.5 m。大肠从盲肠到肛门分为三个部分：

盲肠　盲肠是个大囊，上面连有阑尾。阑尾对于食草动物消化纤维素是很重要的，但是对人体没有作用。

结肠　结肠起始于腰部右侧，在肝脏之下，再穿过腹部的前面，然后下到腰部左侧。

直肠和肛门　结肠连通直肠，是一个长约12 cm的管子。直肠的最后3 cm为肛门。肛门通向外界，受肛门括约肌保护。

大肠的功能

未被消化的食物，以液体状态先后经过了小肠和大肠。在大肠中，血管吸收其中的水分，剩余的部分形成粪便并固化。这个运动过程随着大肠的蠕动而进行，食物从进入大肠到排出体外一般需要16 h。

排便

排便就是将粪便排出体外的过程。

粪便是一种含水量大约为70%的半固体。粪便的颜色由粪胆素决定，其中粪胆素从胆色素而来。粪便固体由消化过程中产生的废弃物组成。

第六章 航空医学——新陈代谢、排泄和调节

肝脏

肝脏是人体内最大的腺体，重约1.5 kg。在呼吸过程中，当横膈膜下降时，肝脏就会收缩。这种收缩可以辅助其内部的血液循环，正因如此，肝脏的运动对于保持其功能正常是很重要的。连在肝脏表面的是胆囊。

肝脏的功能

肝脏的功能有：

- ➢储存过多的碳水化合物，如糖原；
- ➢调节血液中的葡萄糖数量；
- ➢把脂肪作为能量储存起来；
- ➢把含氮废物转变为尿素，尿素通过血液传送到肾脏；
- ➢产生和分泌胆汁；
- ➢释放B_{12}以刺激红细胞的产生；
- ➢储存铁元素；
- ➢调节体温。

胰腺

胰腺有两个重要的功能，即胰液的分泌和胰岛素的分泌。

胰岛素

胰岛素通过血液在身体中循环。没有胰岛素，肝糖就不能被肝脏储存，葡萄糖就不能被分解以产生能量。因此，人体缺乏胰岛素就不能通过糖类的氧化来获取能量。脂肪和氨基酸会分解转变为葡萄糖，但是如果葡萄糖不能被储存的话，就会被肾脏排出去，人体就会日渐消瘦。这种由于缺乏胰岛素而产生的病症就是众所周知的糖尿病。

排泄和体液调节

人体细胞的正常活动会产生废物。这些废物一旦在体内积累，就会对人体产生伤害，因此，人体会将它们排泄出去。体内有三个主要的排泄系统：

皮肤帮助人体通过出汗排出水和矿物盐类。

肾脏和泌尿器官排出含氮废物、矿物盐类和水。

肺排出二氧化碳、水和其他呼吸废物。

皮肤

覆盖在我们体表的皮肤，由两层构成——外面的表皮和下面的真皮。

皮肤的功能

汗腺　持续排出含有少量盐类和有机物质的水。汗液通常是看不到的，因为形成后会立刻蒸发。

保护　皮肤是身体的最外层，同样它也保护内部器官。

体温调节　对体温进行调节。

感觉　皮肤内部有本体感受器，这些神经传感器使我们有触觉和温度识别能力。

肾脏

肾脏产生含有含氮废物的尿液。血液将这些废物不断析出。尿液经过膀胱，通过尿道排出。

肾脏的功能

肾脏有几个重要功能。它是人体排出废弃物的重要器官，肾脏还负责调节血浆中盐的浓度，这有助于控制血液渗透压和pH值。

排尿

排尿是通过膀胱将尿液排出体外的过程。随着尿液的不断积累，膀胱内的压力逐渐增大，一旦膀胱达到一定压力，就会产生尿意。

体温调节

人类是恒温动物，温度恒定在36.9℃左右。人体产生热量，也不断散失热量，通过维持两者之间的平衡，体温得以保持稳定。当体温升高，到达38℃附近时，人类生理和心理的机能就会受到影响。

热量的产生

体细胞会产生热量，尤其是肌肉和肝脏细胞。血液离开肝脏时，其温度比进入时更高。血液流经全身，通过散失热量来维持体内温度恒定。

热量散失

人体散失热量通过：

粪便和尿液　这类热量散失是恒定的。

呼吸　这类热量散失随温度和湿度的不同而有所差异。

皮肤　热量散失随血液流动和出汗量的不同而有所差异。

人体不能通过粪便、尿液和呼吸来控制热量散失。

皮肤按照体温来调节热量散失。如果体温开始下降，皮肤中的血管就收缩并且皮肤表面的血液流动变慢，以减少热量散失。如果体温升高，血管舒张，流过皮肤的血液量增大，这就使得皮肤向空气中释放出更多的热。

发烧

如果受感染，人类体温就可能升高，导致发烧。发烧的症状是，首先，皮肤变得干燥并且产热增加，接着会感到冷和颤抖。如果继续发烧，皮肤会开始发热、发红并且大量出汗，头疼和全身性的普遍疼痛开始出现。

热应激

当人体体温调节机制突然失灵或汗腺不能正常工作的时候，会出现热应激。当体温达到41℃附近时，人体的内部体温调节机制就不起作用了，人就会**中暑**。如果血液温度达到43℃，人类就会死亡。

这种热应激的症状包括：

- 头疼；
- 出汗过多；
- 口渴；
- 昏迷和躁动；
- 皮肤发热、发红或者干燥；
- 高体温。

冷应激

如果血液温度下降到35℃附近，人体的温度调节系统就不能再有效工作。如果温度不断降低，会出现：

- 需氧量增加；
- 不能控制的颤抖；
- 伴随欣快感或漠然的睡意；
- 细胞受损；
- 昏迷导致死亡。

气候和热量散失

气候和热量散失的内容如表6-1所示。

表6-1　气候和热量散失

气候	健康/不健康	原因
热且潮湿	不健康	潮湿的空气导致出汗并不能使身体凉爽
热且干燥	健康	干燥的空气加快汗液的蒸发
冷且潮湿	不健康	潮湿的空气吸收大量的热，使身体热量散失相对较大
冷且干燥	健康	身体热量散失小

第七章 航空医学——眼睛

导言

视觉是人体感官中最主要的感觉。眼睛比起身体上的其他器官要敏感近25倍。虽然好的视力是成为一名飞行员的基础，并且是飞行执照医学体检要求中重要的一环，但航空飞行并不要求飞行员拥有非常完美的视力。

眼睛的生理解剖结构

眼球位于头骨上一个多骨的孔（眼眶）中，眼眶上有两块眼皮，用来保护和清洁眼球表面。眼球和头骨间由6块肌肉连接，它们使眼球可以上下左右地转动。

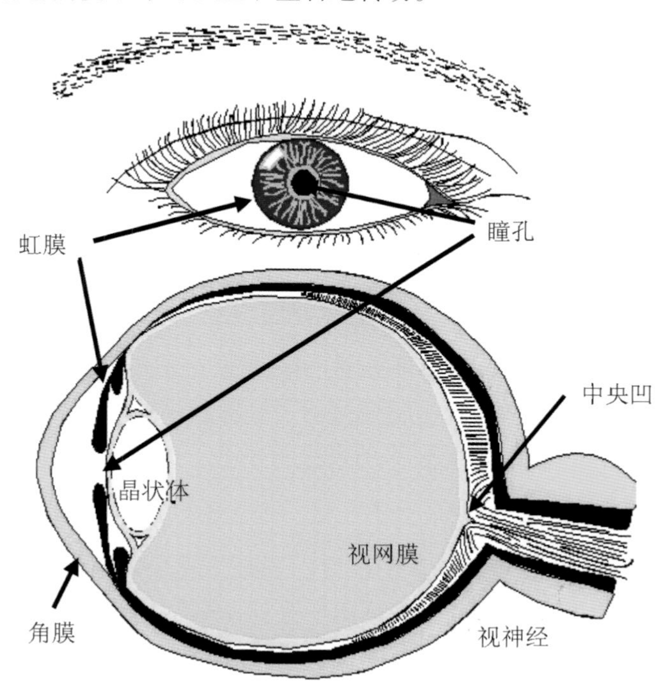

图7-1　眼球的生理结构

如图7-1所示，眼球前面的透明角膜将光线折射入晶状体，光线通过晶状体集中到视网膜上。晶状体能够通过眼球周围的睫状肌运动来改变焦距，睫状肌收缩和松弛的过程使晶状体的焦距发生改变。这就是我们所知的眼睛的**适应性调节**,通过这个过程我们的眼睛就能看清远处和近处的物体。

- ➢70%的调焦过程是通过角膜将光线折射完成的。
- ➢30%的调焦过程是由视网膜完成的。

在角膜和晶状体之间有一块圆片形的肌纤维,叫作虹膜,它决定了我们眼睛的颜色。瞳孔就是这片圆形肌纤维中央的开口处,虹膜的收缩和扩张决定着瞳孔的大小。瞳孔的作用如下:

- ➢增大或减小景深,如果眼睛观察的物体距离眼睛很近,瞳孔就会缩小;反之,距离眼睛很远,瞳孔则会扩大;
- ➢控制进入视网膜的光线量。

视网膜是眼球内的感光系统,视网膜最外层为感光细胞层,根据它们的形态和功能的不同,可将它们分为两类:

视杆细胞 视杆细胞对在视力极端条件下的弱光和物体相对运动十分敏感。人类的视网膜上有近1.25亿个视杆细胞,它们决定了我们的**暗视觉**。

视锥细胞 视锥细胞对强光和颜色刺激十分敏感,能分辨物体的颜色和细节。人类的视网膜上有近700万的视锥细胞,它们决定了我们的**明视觉**。

视觉上我们将视杆细胞和视锥细胞的功能统称为**中间视觉**。

视网膜的焦点处我们称作**中央凹**。中央凹处全部是十分密集的视锥细胞,有着最高的视敏度。而离中央凹越远,视锥细胞的数量就越少,直到视网膜的外围部分完全由视杆细胞取代,所以眼睛的颜色分辨仅限于中央凹部分及周围的一小片区域。

眼睛之所以能看见物体,是因为眼睛里面的化学反应。视锥细胞中有一种叫作视蓝紫质的化学物质。这种化学物质在任何光线条件下都能产生化学反应,所以视锥细胞能立即对视觉刺激做出反应。

视杆细胞内有种化学物质叫作视紫红质,一般称为视紫质。视紫红质只有在夜间视觉条件下才会在视杆细胞内增多。

视杆细胞和视锥细胞都由神经纤维(神经元)连接到大脑。每个视锥细胞都由一个独立的神经元连接到大脑;而多个视杆细胞则共享同一个神经元。这些神经元统称为**视神经**。其神经纤维在视网膜上汇聚连接至更高阶的神经中枢,汇聚点只传出神经束而无感光细胞,这个点被称为**盲点**。

在视杆细胞和视锥细胞感光过后,神经冲动通过视神经传输到视交叉。然后又从视交叉传输到大脑的视觉皮层,在那里,眼睛所看到的信息被解读成大脑可理解的信息。

视敏度

视敏度是眼睛观察物体形状和细节能力的程度。当眼膜成像聚焦在中央凹2°以内时,眼睛的视敏度最高。如果光线聚焦在视网膜上,其位置远离中央凹,眼睛就会不好分辨图像。所以,视敏度从中央凹处向眼外围是急剧下降的。周边视觉(间接视觉)虽然对物体的运动十分敏感,但是如果要分辨清楚一个物体的细节的话还是要通过直视物体。

视敏度测量需要用斯内伦测试,如图7-2所示。斯内伦测试要求受测者辨识6 m外的视力检查表,正常的视力能够从此距离看清检查表。

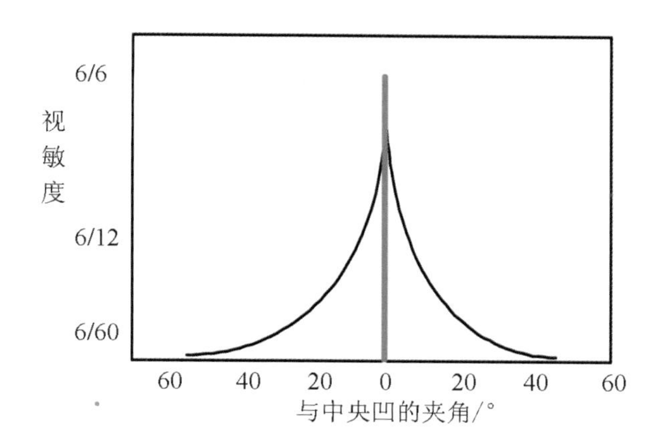

图7-2 视敏度测量

6:6视力：在6 m远看到的如同普通平均视力在6 m远看到的。

6:4视力：在6 m远看到的如同普通平均视力在4 m近处才能看清的，好于普通视力。

6:20视力：在6 m远才能看清如同普通平均视力在20 m远就能看到的，比普通视力差。

视觉清晰度

视觉清晰度不完全取决于视敏度。外界因素也对一个人的视觉清晰度有影响，如：

➢一天的各个时间段；

➢物体的大小、形状以及这个物体与周围相关物体的对比；

➢物体与观察者的距离；

➢物体与观察者的相对运动；

➢能见度清晰或是模糊。

有效视觉距离与视野

有效视觉距离是在飞行过程中，飞行员从看到物体到做出相应反应以避免飞机与物体发生相撞的一段时间内飞机所飞行的距离。能够达到这一要求的视力，称为有效视觉。

视野是指眼球最大运动时以及头和眼球联合运动时所能看到的空间范围。实际飞行中的视野大小主要取决于座舱视界的大小、飞行速度及飞行员的注意广度，飞行员的有效视野随飞行速度的增加而减小。

深度知觉

为了要看清不同距离的物体，眼睛要做两种调节：

➢改变晶状体折射的角度来使眼睛能够聚焦在物体上；

➢改变双眼视轴的辐合。

大脑会运用某些线索来对深度做出判断：

➢双眼视野，即一只眼睛可以弥补另外一只眼睛的视野缺失；

➢物体之间的关系、大小以及清晰度；

➢物体之间的相对运动和质地。

距离估计和深度知觉

当飞行员的视觉处于良好的照明条件下时，距离估计和深度知觉的线索可以很容易地被识别。当光线条件下降时，眼睛精确判断距离的能力会降低，会更容易受到视错觉的影响。如果飞行员能够懂得如何准确地获取距离估测和深度知觉的线索，那么他就能在夜间判断距离。无论当前存在一个还是多个线索，飞行员通常都会以下意识的感觉来判断距离。如果飞行员能够了解导致视错觉的各种因素，就能更为准确地估计距离。距离或深度知觉的线索分为单眼线索和双眼线索。

立体视觉

人类的两只眼睛都能同时聚焦在同一个物体上，这就叫作眼睛的立体视觉。两只眼睛看物体的视角有些许不同（双眼线索），当两只眼睛所看到的图像在大脑里相融合时，其差异能够被大脑所感知，不同的差异代表不同的距离，这样，人就能感觉到自己和物体之间的距离了。

立体视觉在物体距离眼睛超过12 m以外就不是深度知觉的主要线索了。超过这个距离，其他的动态或静态的线索将起主要作用。

双眼线索

双眼线索依赖于两只眼睛看物体时视线角度的细微差别。因此，只有当物体足够近，能够使两眼的视角有差别时，双眼知觉才是有效的。在飞行时，大部分物体在驾驶舱外的距离都非常远，所以双眼线索在这种情况下几乎不起作用。双眼线索操作比单眼线索更加潜意识化。

单眼线索

一些单眼线索对距离估测和深度知觉有所帮助，包括：

➢几何透视；

➢运动视差；

➢眼膜图像尺寸；

➢空间透视等。

几何透视

几何透视是指我们从不同距离、不同角度观察客观物体或景物时，物体或景物呈现出的形状会有所不同。几何透视有以下几种：

直线透视　　平行线，比如火车轨道，会随着观察者视线的变远而渐渐汇于一线，如图7-3所示。

图7-3　直线透视

表面透视收缩　这种情况是指物体会随着离观察者的距离越远而在观察者的视线里变得越趋于椭圆。例如:观察者远距离看一个湖泊可能会觉得湖是椭圆形的,但随着观察者离湖的距离越来越近,湖的真实形状也就渐渐显示出来。

双眼观察并不是飞行的必需,独眼的飞行员也是存在的。

运动视差

运动视差是深度知觉里最重要的线索。当观察者从一片景物快速移动穿过时,观察者会明显感觉到景物中位置固定的物体与观察者有相对运动。距离观察者近的物体会迅速地从观察者眼前经过,而距离远的物体好像在随着观察者移动的方向一同移动或者是静止不动。例如:当我们在一辆行驶的车上看周围景物时,地面景物会相对于车子快速向后移动;而当我们在飞机中从一定高度来看地面景物时,地面景物就仿佛移动得很慢一样。运动视差会影响到飞行员的滑行速度。

例如:一个平时都是驾驶一架驾驶舱高度较低的飞机以特定速度在地面滑行的飞行员,舱外景物的相对移动将是飞行员判断滑行速度的一个重要参照线索。如果让这个飞行员来驾驶一架驾驶舱高度较高的飞机,依旧以舱外景物的相对移动作为判断滑行速度的主要线索的话,那么飞机的滑行速度将会趋于增大。

视网膜成像尺寸

大脑能感知到聚焦在视网膜上图像的尺寸大小。这对判断物体与观察者的距离将会有所帮助。

已知的物体尺寸

物体离观察者越近,在视网膜上的成像尺寸越大。大脑会根据视网膜成像的尺寸来估计熟悉物体的距离。如图7-4所示,一座建筑投射在观察者视网膜上的图像的特定角度,是基于观察者离这座建筑的距离而定的。如果角度很小,那么观察者就能判断自己离建筑之间有很大的距离;反之,距离就很小。这种情况表明,观察者能够根据图像的相关尺寸来判断物体的距离。如果对物体不熟悉,那么就应该首先以运动视差来判断物体的距离。

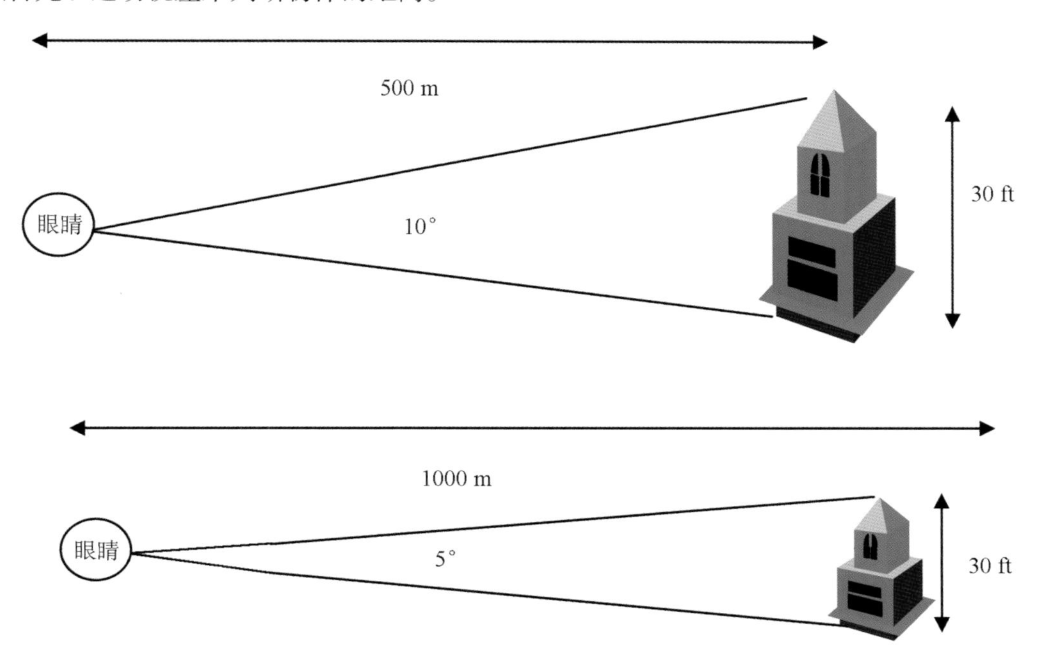

图7-4　以成像大小和角度来判定物体的距离

物体尺寸的增大或减小

一般来说，如果视网膜的图像：

➢尺寸变大，说明物体正在向观察者渐渐靠近；

➢尺寸减小，说明物体正在渐渐远离观察者；

➢尺寸不变，说明物体与观察者的距离保持不变。

地面参照

相互参照的物体，如机场与一架飞行中的飞机，能够帮助观察者判断出物体的相对大小以及与观察者之间的距离。观察者一般会选择离自己距离大约相等的参照物体。在图7-5中，一架飞机与观察者之间的距离，与地面机场距观察者的距离大致相等，因此，观察者会判断该架飞机正在飞起落航线。

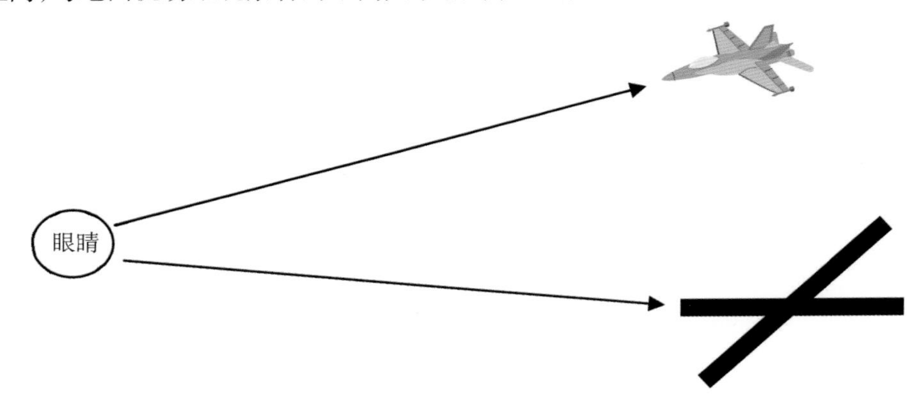

图7-5　相等距离的地面参照物

物体的地面距离决定实际距离

物体轮廓重叠或交错

当物体的轮廓交叠时，轮廓被挡住的物体较轮廓完全的物体要远些。如图7-6所示，G-FIND飞机是离观察者最近的飞机，它后面的飞机都被它挡住了部分轮廓。

空间透视

大脑能感知物体及其投射的阴影的清晰度，这也是距离估计的线索。大多数飞行员都用以下几种空间透视的方法来判断距离：

颜色或阴影的消淡	透过霾、雾或烟观察物体，形成的图像很模糊，这样会使观察者觉得物体比实际的距离要远。在晴空下观察物体时物体图像会很清晰，这样会使观察者觉得物体比实际的距离要近。
细节或质地的丧失	当观察距离远的时候，物体的细节会变得不清晰。如一块耕地远看是棕色的，走近了会发现地的颜色分为浅棕色和深棕色，犁过的痕迹也变得清晰可见。

光源的位置以及影子的方向　有光必有影，影子的方向取决于光源的位置。如果影子是朝着观察者的，那么物体就比光源离观察者近。

图 7-6　物体轮廓重叠

视力异常

正常视力的眼睛

当正常视力的眼睛完全放松时，平行的光线刚好聚焦在视网膜上，如图 7-7 所示。

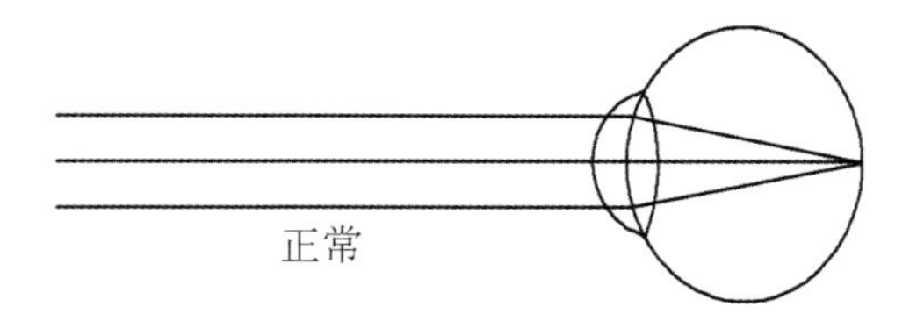

图 7-7　正常视力的眼睛

近视眼

如果眼睛近视，眼球的厚度会比正常眼睛大，导致图像会聚焦成像在视网膜前面，晶状体的自我调焦不能完全弥补这一问题。

如图 7-8 所示，远处的物体不能准确成像在视网膜上，但是近处的却可以。佩戴凹透镜可以矫正近视。

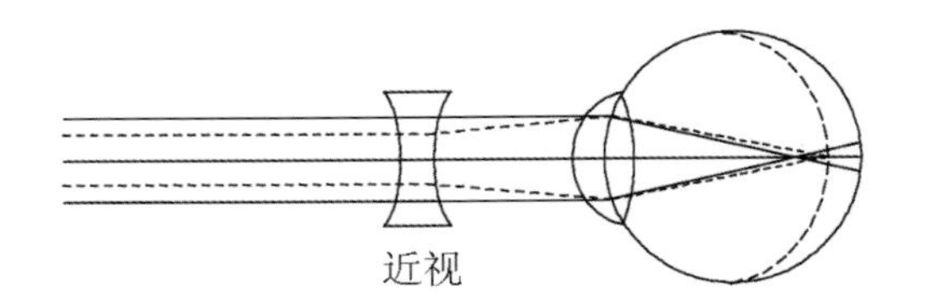

图7-8 近视眼成像

远视眼

如果眼睛远视，眼球的厚度会比正常眼睛小，导致图像会聚焦成像在视网膜后面。

如图7-9所示，远视眼看近处的物体会变得模糊不清，但是远处的物体却可以很清晰地看到，佩戴凸透镜可以矫正远视。

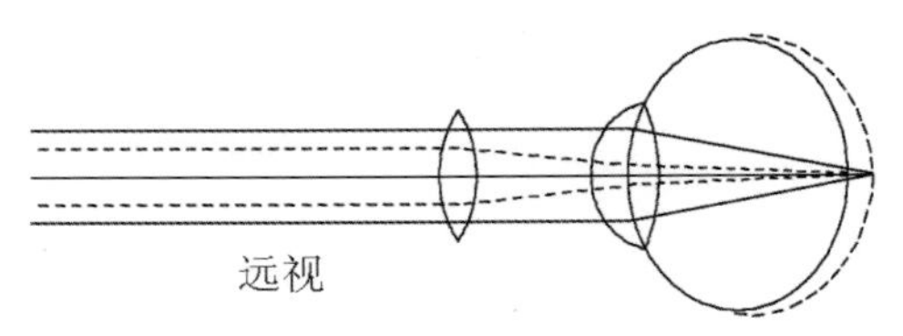

图7-9 远视眼成像

老花眼

随着年龄的增长，人看近物的视力逐渐下降。过了40岁后，晶状体逐渐变硬，更适合看远处物体的形态，这就是我们常说的老花眼。通常，老花眼发作的第一特征就是在弱光的条件下看书变得非常吃力。戴老花镜能够矫正老花眼，而要矫正中远距离视力可以使用双焦距、三焦距甚至是四焦距的镜片。

晶状体硬化也会引起晶状体浑浊。这种浑浊有可能导致白内障。早期白内障可能并不影响看视力表，但眼睛却受不了亮光的刺激。这是由于进入眼睛的光线发生了散射，在这种情况下，眼睛的灵敏度开始丧失。所以，任何眼睛浑浊都应该及时检查和治疗。

散光

散光是一种由于眼角膜或晶状体表面畸形引起的视力缺陷。在通常情况下，眼角膜是如足球一样的球形的。而有散光的眼角膜是椭圆形的，像橄榄球一样。圆柱透镜能够矫正散光。

青光眼

眼球内是充满液体的，这使得眼球可以保持其形状，眼球内的液体是清澈透明的，并不断循环和补充。有时，眼球内的液体循环失衡，进入的液体多于流出的液体。这会导致眼内压增大，对眼球产生严重的损伤，甚至导致失明。这被称为青光眼。

变焦镜片

变焦镜片分为双焦或多焦镜片。这些镜片的上下部的焦点并不一致，因此镜片视野的外围也会发生扭曲变形。基于上述原因，变焦镜片不建议在飞行中使用。

隐形眼镜

佩戴隐形眼镜能够使人拥有比戴眼镜更好的周围视力，而且不必担心镜片会起雾。然而佩戴隐形眼镜进行飞行会出现一些问题。首先，眼角膜没有血液供应循环，它是从它周围所接触的空气中获取氧气的，而隐形眼镜会挡住角膜与空气的接触使其缺氧；其次，飞行中机舱的低湿度还会引起一定的缺氧与脱水从而对角膜造成损害。此外，机舱减压会导致隐形眼镜与眼睛之间生成气泡，可能会使隐形眼镜脱落。

在申请使用隐形眼镜的医学证明时，飞行执照申请者必须提供由眼科医生或是隐形眼镜专业人士出具的证明或报告，符合所有要求后，申请人才能使用隐形眼镜执行飞行。通常隐形眼镜使用许可的医学证明都会在上面写明，飞行员在佩戴隐形眼镜飞行时，必须随身携带一副普通眼镜以备应急之用。

用于矫正老花眼的双光隐形眼镜并不适合在飞行时使用，如：

“空中机械师看错了节流阀和EPR仪表的指数，向机长报告3号发动机正在失去推力，最终导致一架波音747飞机放弃起飞。机械师读错仪表指数的原因是当天他第一次佩戴多焦镜片眼镜，尚未适应它。”

上面的例子表明了飞行中佩戴正确的眼镜的重要性，以及眼睛对其适应的时间。

白内障

随着年龄增长，晶状体的透明度变差，有时会变成雾状或絮状。这会使老年人的视力下降。治疗白内障可以通过外科手术摘除晶状体，以人工晶状体代替。虽然术后视力会有所恢复，但经过此类手术的人不允许再驾驶飞机。

放射状角膜切开术

放射状角膜切开术是将角膜的前表面旁中心区及周边区做深层的放射状层间切开，使人获得更好的视觉灵敏度。此类手术会带来一定的并发症如眩光等，这会使夜间视力受到影响。此类手术还有其他并发症如因角膜水肿而引起的视力波动，手术还使得角膜更容易受损，而手术所引起的长期的并发症目前还不得而知。所以对于飞行员来说，不能做放射状角膜切开术。

色视觉和色盲

正常人的色视觉能够辨认出120种以上的颜色以及1000多种不同灰度的颜色。8%左右的男性以及1%左右的女性不能区分出红色与绿色，称为红/绿色盲。红/绿色盲分为4类：

红色盲是将青绿色与紫红色看成是灰色；

红色弱是将青绿色与紫红色看成是朦胧的灰色；

绿色盲是将绿色和紫罗红看成是灰色；

绿色弱是将绿色和紫罗红看成是朦胧的灰色。

全色盲很少见，男女都可能出现，全色盲分为2类：

典型性色盲　　即没有分辨颜色的能力，看任何物体都是黑白色的。如果一个人是典型性色盲，那么他通常还患有其他的视力问题。

非典型性色盲　　只能分辨非常明显和鲜艳的颜色。

没有色盲的人也可能因为年龄的增加、吸烟及饮酒导致角膜和晶状体变黄，从而影响色视觉。

色视觉良好并不是作为飞行员的基本要求，但是飞行员必须要有分辨红、绿、白三种光线的能力以满足以下飞行要求：

➢符合夜间飞行的规则；
➢识别地面灯信号；
➢分辨机场的信号以及标志；
➢识别驾驶舱内仪表显示器等颜色的变化。

夜间视力

如果进入眼睛的光线量发生改变，虹膜会放大或收缩瞳孔来调节进入眼睛的光线量，从而进行初始调节。但由于瞳孔的收放是有限的，因此，眼睛就需要进行第二步的调节——包括视杆细胞和视锥细胞在内的化学调节。当光线骤减时，视锥细胞对颜色的分辨能力会急剧下降，这个时候，对弱光很敏感的视杆细胞就会接替视锥细胞对视觉起主要作用。视杆细胞内含有一种叫作视紫红质的色素。光线会刺激这种色素从细胞里褪去而进入视网膜，并产生神经冲动到大脑。然后，视网膜又会在很短的时间内将视紫红质送还到视杆细胞里，使其等待下一次感光。要达到最好的夜间视力，需要所有的视杆细胞都对光变得十分敏感，而这个过程需要时间。视杆细胞的暗适应时间大约是30 min，而视锥细胞则需要7 min。中央凹处没有视杆细胞，所以要达到最好的夜间视力，眼睛就不能直视物体。

最好的夜间视力是在30 min的适应时间段过后。当眼睛受到强光刺激时，夜间视觉会立即下降。影响夜间视力的一些主要因素是：

缺氧　当飞行高度超过4000 ft时，夜间视力开始下降。

在没有补充供氧的情况下，夜间视力随高度下降的百分比如表7-1所示：

表7-1　飞行高度与夜间视力的下降

高度(近似)/ft	液间视力的下降/%
3500	5
9000	18
13000	35
16000	50

吸烟　烟草所产生的烟雾里面含有一氧化碳，它会与人体的血红蛋白结合产生一种叫作碳氧血红蛋白的物质，这种物质会使血液的携氧量下降。长期吸烟者会出现缺氧的情况，从而导致在地面上出现如同在高空5000~10000 ft处的夜间视力下降程度。

其他影响夜间视力的因素包括：年龄、酒精摄入量、疾病以及兴奋剂的使用等。

明适应与暗适应

眼睛能够很快对光线的突然变亮适应，一般只要10 s左右，称为明适应。但如果眼睛长时间地暴露在强光下会使其对光线的敏感度降低。相反，眼睛能对光线的变暗产生适应，称为暗适应，暗适应的时间长，约30 min才能完全完成。暗适应对飞行活动的影响较大，飞行员可采取一些措施克服人眼暗适应的局限。

眼跳运动

当眼球不跟着移动的目标物体而运动，而是产生一连串的快速挛动时，这种情况叫作眼跳运动。眼球的这种运动大约持续1/3 s的时间。这种眼跳运动是自主性运动，当眼睛平滑地扫视无特征的地形时，会产生眼跳运动。

自主运动是眼跳运动后所产生的问题。飞行时，如果飞行员一直盯着单独一点的亮光看，如一颗星星，那么5~10 s后那颗星星好像开始移动。这有可能使飞行员认为那是空中的另外一架飞机。

当飞行员扫视空域时，每只眼睛一次移动范围最多10°，这样才能保证双眼的扫视范围能够重合。每个区域应至少扫视2 s，否则就可能忽视空域的其他飞行器。每次扫视结束的时候，眼睛会重新聚焦，在扫视的过程中，周边视野最为重要，因为周边视野对移动的物体非常敏感。在夜间，使用周边视野进行扫视可能是最重要的。

空虚视野近视

当在高空飞行、夜间飞行或是在云层上飞行时，没有固定的空中参照或地面参照，不引起眼睛的注意，使睫状肌处于持续的放松状态，眼的聚焦点位于前方1 ~ 2 m处的空间某点，飞行员的视觉便呈功能性近视状态，称为空虚视野近视。

夜间近视与空虚视野近视近似。在夜间飞行时由于缺少观察物，飞行员的眼睛会自动聚焦于他前面的1 ~ 2 m处的空间某点。与空虚视野近视相比，夜间近视更为常见。

阳光及其对眼睛的影响

在高空会遇到非常强烈的光线，尤其当飞机在一大片云层上面飞行的时候，光线最为强烈。自然光谱中有两类光会对人体造成伤害：

蓝光　　长时间受蓝光照射会引起视网膜的累积性损坏。

紫外线　　长时间暴露在紫外线下也对人体有害。晶状体吸收紫外线过多会引起眼睛灼痛、水肿并伴随极其畏光，这就是我们常说的雪盲。这种情况只会发生在眼睛长时间暴露在高强度的阳光下，比如云层对阳光的反射会增大进入眼睛的阳光的强度。当然，紫外线不会对眼睛造成永久性的伤害。驾驶舱的挡风玻璃一般都能挡住一些紫外线。

眩光

眩光是在云层上飞行或朝着太阳方向飞行时经常出现的问题。由于舱内和舱外的亮度差别使得飞行员看仪表板很吃力。飞行员通常会佩戴有色眼镜来解决这个问题，但这种方法适应过程很慢。

眩光主要包括心理眩光、生理眩光和强光盲。 眩光发生时，首先出现心理上的不适，但不影响功能，接着出现生理上的不适，视觉功能开始受到影响。眩光更严重时，将会出现强光盲，严重影响视觉功能。 心理眩光和生理眩光在民用航空中较为常见，而强光盲则相对较少。

当视线从光源移到相对暗一点的背景时（如：从太阳到云层），飞行员可能会突然注意到刚刚他在盲飞。

太阳镜

长期经常性地经历眩光可能引起视网膜的累积性损坏。质量好的墨镜会通过过滤蓝光和紫外线来保护眼睛。飞行员所选择的墨镜应该有10%~15%的透光度以及较好的光学性能和强度。金属镜架和聚碳酸酯涂层的镜片是不错的选择。廉价的太阳镜不是很好的选择,因为这种眼镜可能使光线过分散射,影响视知觉。

闪烁光

强烈的闪烁光能够引起癫痫性的痉挛。直升机的乘客出现这种情况的可能性较大,因为旋叶在强烈的阳光下转动可以对舱内的乘客产生闪烁光一样的效果。在闪烁光的环境下,人体会产生精神不安、身体不适等症状,佩戴墨镜可以预防这种情况。虽然这些身体的预警症状,如精神不安或身体不适只会持续几分钟,但却不可忽视。当处于闪烁光的环境时建议采用以下方法:

飞行员 如果有闪烁光影响飞行员的视知觉,在可能的情况下,应当:

➢佩戴太阳镜;

➢允许的话背向太阳以减少闪烁光的强度;

➢立即降落。

乘客 降低闪烁光影响的方法有(一般都是坐在飞机向阳面的乘客):

➢佩戴太阳镜;

➢遮住附近的窗口;

➢闭上或蒙住眼睛;

➢坐到飞机背阳面的座位上。

导言

这一章主要讨论视错觉，而本书第十章则主要讨论前庭错觉。

“某人说：像我这么完美的视力，哪里还需要仪表？他的进近看起来还不错，但事实上，在漆黑的夜空中，以为向着天空飞去的他，正平稳地飞向海面。” ——阿依

错觉是在特定条件下产生的对客观事物的歪曲知觉。错觉主要包括几何图形错觉、时间错觉、运动错觉、空间错觉等。

空间定向

人类在幼儿到孩童的成长时期，空间感会产生变化。随着年龄的增长，幼儿会逐渐认识并懂得这个世界上影响我们定位的力量。在儿童时期，人会开始了解地心引力的作用以及它是如何产生并总是垂直向下的。而后，孩子会对地心引力的重力加速度和地平线总是垂直于重力的方向变得习以为常。

当飞行员进行空间定向时，会用到以下几种感觉器官：

- 眼睛；
- 内耳的前庭系统；
- 位于身体各部位的本体感受器，它可以与我们的前庭觉和视觉共同作用，进一步确认我们的感觉。

大脑也会根据一些其他因素来进行视觉空间定向，如：

- 物体的颜色；
- 物体的尺寸和形状；
- 透视；
- 色调和视差；
- 物体的分组。

空间定向的问题首先开始于眼—脑这个感觉界面。我们常说“眼见为实”，但是很可惜，眼睛并不能总是给大脑传输足够的、有用的关于外部真实世界的信息。当谈到人类的信息加工（Human Information Processing，HIP）时，我们会使用“感知”这一词。这是人类信息加工中的一环，感知结果是建立在过去的经验和预期上的。在有些情况下，眼睛所见的反而让人疑惑，这是因为我们的“感知”试图做更好的解释，其结果与眼睛所见不同。

下面2张图片可以表明我们的大脑有多么容易被迷惑。图8-1酒杯—人面图就是一个简单的例

子，它表明了我们的认知过程并不是一个静止的过程。这个图由1个白色的酒杯或是2个相对的黑色人面组成。大脑不能将感知的图像确定在某一图像上，而是在2个图像之间来回转换着。实际上，人类的大脑无法完全地专注于某一感知，而是不断地在酒杯和2个人脸上来回转换。

图8-1　酒杯—人面图

一个更加难以认知的例子就是图8-2卢兹·洛特雷克图。

图8-2　卢兹·洛特雷克图

这张图片里有一个老年妇女和一个年轻妇女。一旦你发现了这2种图像，大脑就会来回切换，而很难在一种认知图像上集中注意。

这两种图像均未包含有任何深度知觉的线索。

看看图8-3，如果观察者把这些图片知觉为三维立体的，有趣的现象就出现了。

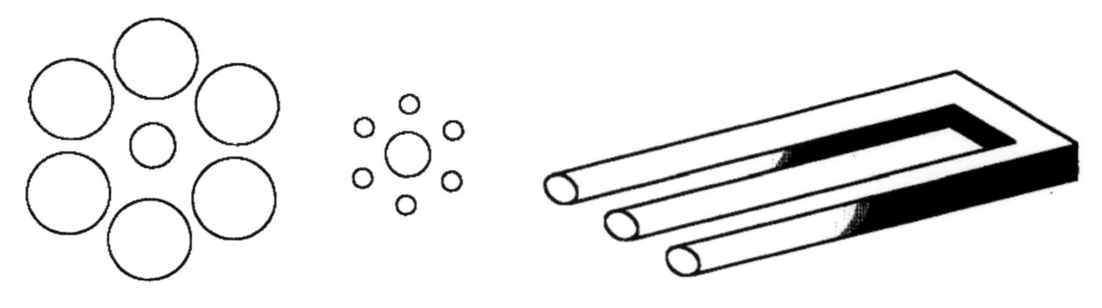

图8-3　视性错觉(a)

图8-3左边两个多圆圈的图是运用了相对尺寸的概念，中间的2个圆都是一样的大小，但是一个却看起来比另一个大。而如果你仔细看右边那个音叉图则会发现，现实生活中根本不可能出现这种情况。

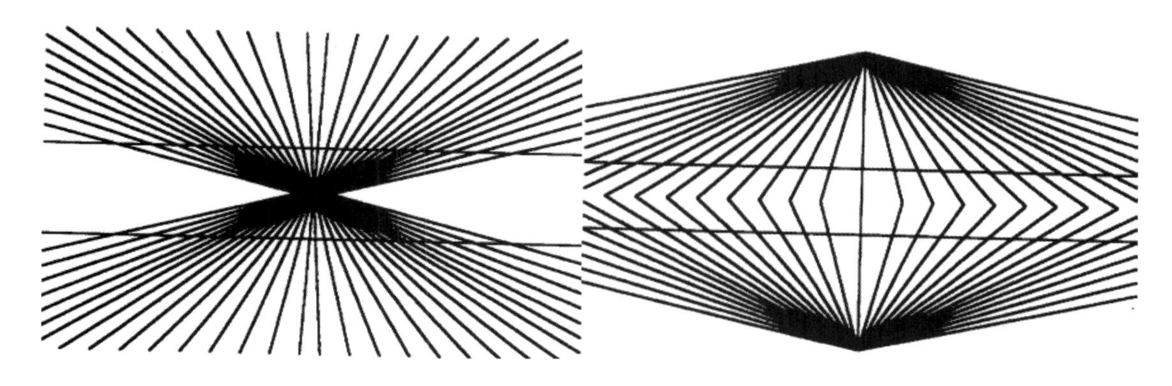

图8-4　视性错觉(b)

图8-4看起来像是线条透视图，图片中间的线看起来仿佛是弯的。但事实上，2个图片中心的两条线都是直的而且是平行线。

视觉是人类最强大的感觉。但是，以上这些图片却能轻易地欺骗你的眼睛，包括图8-5、图8-6。

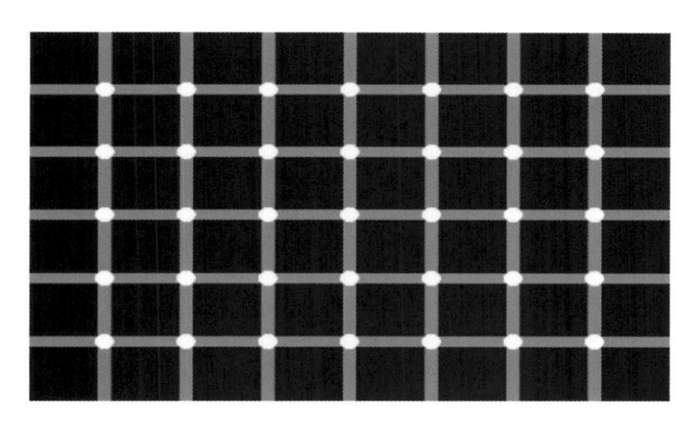

数一数有多少黑点?

图8-5　视性错觉(c)

数一数大象有几条腿?

图8-6 视性错觉(d)

下面我们来看看,在飞行环境中,人类的这些错觉会如何表现。

空间定向障碍

自从20世纪20年代英国空军设计了第一个仪表飞行操纵面板后,仪表飞行的问题就被人们认识到了。而现在飞机所用的标准T字仪表布局是在1927年才出现的。由于训练和技术的革新,因为定向障碍而出现的事故次数已经比过去几年有所降低。但请记住,一旦离开视觉参考线索,飞行员会在很短的时间内对飞机失去控制。美国空军用了一个简单的实验证明了这一点。3个经验丰富的飞行员在没有仪表线索的情况下进行目视飞行,结果如表8-7所示,飞行员平均能保持飞机的直飞和高度的时间在60 s左右。

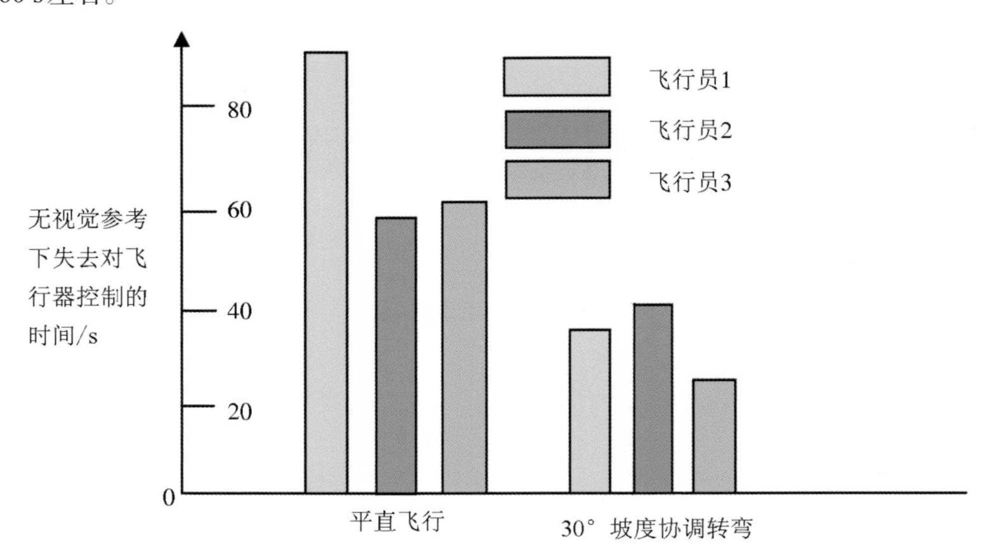

图8-7 没有仪表线索时保持平直飞行的时间

空间定向障碍的预防

空间定向障碍的出现有如下特点：

- ➢普遍性；
- ➢特发性；
- ➢危害性；
- ➢可预防性。

空间定向障碍并不能完全地被预防。可能唯一的重要因素就是要明白从感官系统传达来的误导信息是可以被预测的。当机组成员相信他们的感觉多于相信仪表时，空间定向障碍就会变得十分危险。 所以机组人员应该了解其潜在危险，明白其重要意义，并将其克服。

预防空间定向障碍的措施：

- ➢飞行时要有视觉参照物(实际地平线或仪表提供的人工地平线)；
- ➢相信仪表指示；
- ➢不要盯着光看；
- ➢在夜航前先让眼睛适应黑暗的视觉环境；
- ➢避免疲劳、吸烟、低血糖、缺氧以及焦虑，这些会使视错觉加重。

如果出现空间定向障碍，机组应当：

- ➢及时检查仪表并认真执行交叉检查；
- ➢不要同时混合目视飞行和仪表飞行；
- ➢在按直觉进行操作之前，应该先好好检查目视和仪表给出的参考；
- ➢如果机舱里有两名机组成员，立即将飞机交给另一名飞行员操纵。毕竟两个机组人员同时出现空间定向障碍的情况很少。

视性错觉导致着陆误差

在进近和着陆的过程中，飞行员会以机场周围环境提供的参照来确定方位。这些参照主要包括：

- ➢熟悉物体的大小和形状；
- ➢这些物体从视野经过的速度；
- ➢地形的倾斜度；
- ➢地面的覆盖物(乡村、水源、沙漠等)；
- ➢地面的亮度；
- ➢地平线和着陆点的视角；
- ➢与着陆点的接近率。

当然没有飞行员会同时用到所有的参照线索。飞行员会经常下意识地去注意其在训练中累积起来的比较熟悉的线索。如果去掉或改变其中的一两个线索，飞行员的着陆和起飞会变得困难。

跑道宽度

在大多数机场，飞行员都使用PAPI或VASI来判断进近的目视角度。如果在这些辅助系统都不可用的情况下，飞行员就要运用训练中学到的基本目视线索。

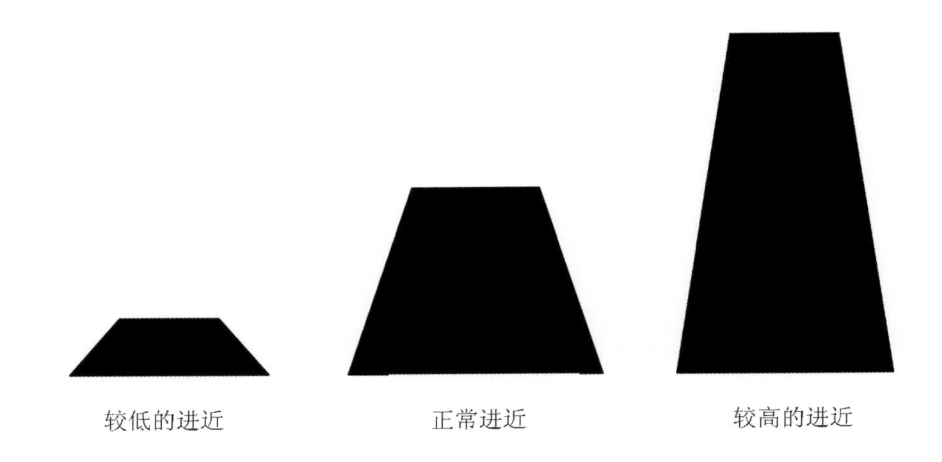

图8-8　不同高度进近时的跑道

假设图8-8所示的跑道是一样宽的，那么飞行员会自然而然地认为：

➢如果飞机高度过低，跑道看起来就会扁而短；

➢如果飞机高度过高，跑道看起来就会细而长。

反过来我们假设上面的3条跑道的宽度不一样。比如，第一个跑道很宽，第二个和飞行员平时用的一样，第三个很窄，视错觉可能会使飞行员对三种跑道都做正常进近。

在没有PAPI或VASI系统的帮助下，在不熟悉的机场上空做进近，飞行员的感知也许是错误的。如果跑道比飞行员平时飞的跑道要窄，那么飞行员可能会认为跑道比其实际所在的位置离飞机要近，或者认为飞机高度过高，从而提前下降高度造成着陆距离过短。

进近

在做下滑角为3°的进近时，如图8-9所示，飞行员的水平视线面与接地点之间的角度必须为3°。

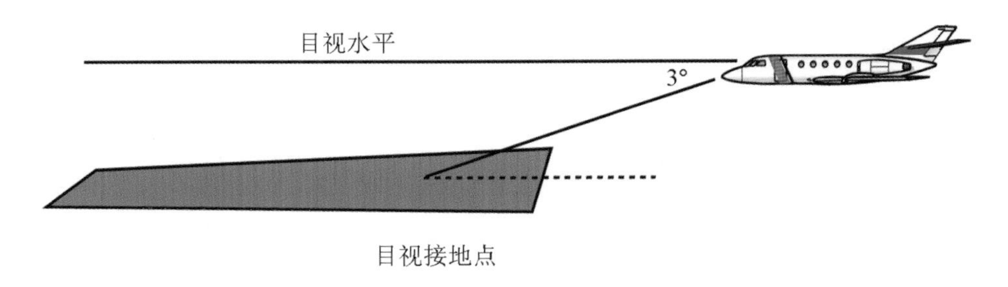

图8-9　下滑角为3°的进近

当飞行员将飞机对准跑道接地点准备着陆时，飞行员会看到地面从视觉冲击点向四周流散的景象，如图8-10所示。

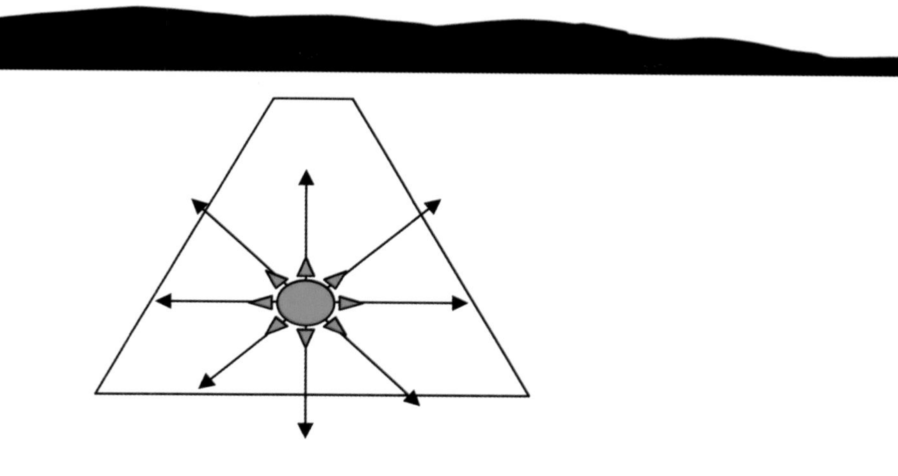

图8-10　进近引起的视觉冲击

视觉冲击点和接地点是不同的。飞机接地点在视觉冲击点之前。飞机接近地面时可以利用的着陆参照：

➢飞行员的周边视野中地面向后移动的速度；

➢地面物体的尺寸。

当飞机在水面、夜间、沙漠或雪地上做进近时，上述的参照物是不容易找到的。

跑道坡度和地形

当跑道带坡度或与水平跑道相接的地面带坡度时，飞行员可能会错误知觉进近高度。下面的几个图片列出了飞行员可能遇到的情况：

正常进近　如图8-11所示，大部分跑道都是标准的宽度，而且是水平的。在进近过程中飞行员会习惯性地飞同样的航迹角。飞行员看到了对其来说“正确”的着陆景象，就会开始正常的进近。

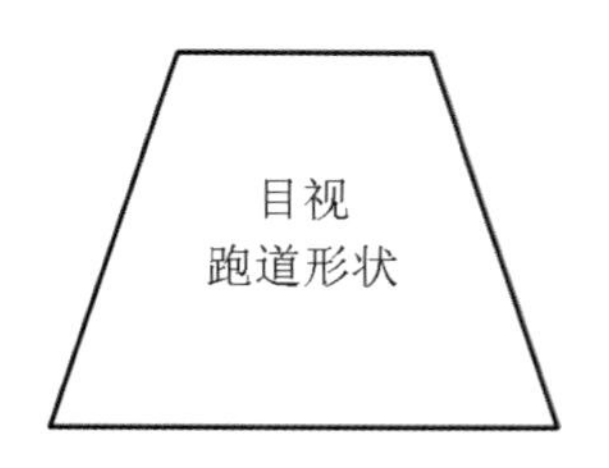

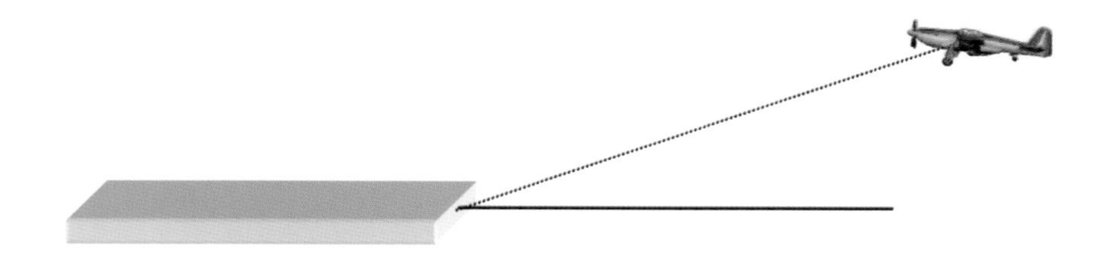

图8-11　正常跑道的进近

跑道向上带坡度　如图8-12所示，相同宽度的跑道，如果是向上带坡度的话，会对飞行员造成一种飞机高度过高的错觉。飞行员就会改变进近航迹，这样会增大飞机下降率以及造成着陆距离过短。

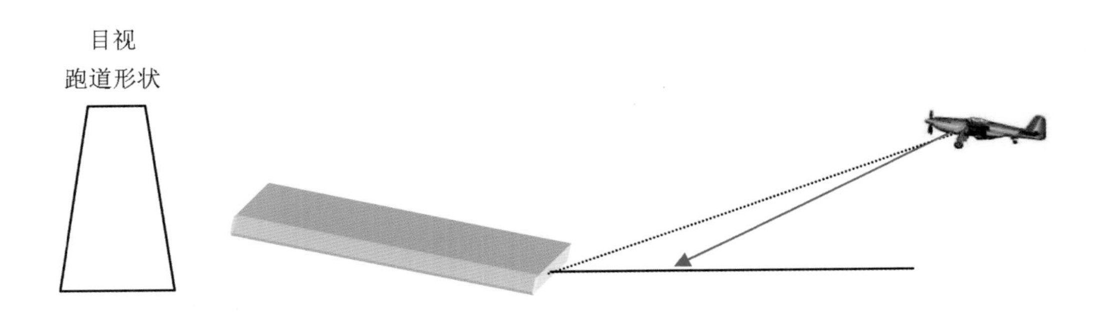

图 8-12　跑道向上带坡度

跑道向下带坡度　如图8-13所示，如果是向下带坡度的跑道，飞行员会误认为飞机高度过低并保持飞机高度一直到他所认为正确的进近航迹。这种情况会造成飞机高度过高，着陆距离过长。

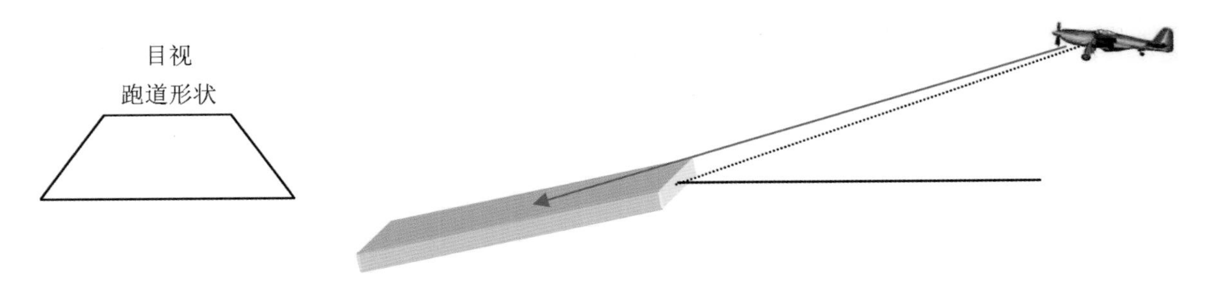

图 8-13　跑道向下带坡度

向下带坡度的地形　如图8-14所示，当飞机进近时，向下带坡度的地形会给飞行员造成地面过近，飞机高度过低的错觉，飞行员会爬升高度。

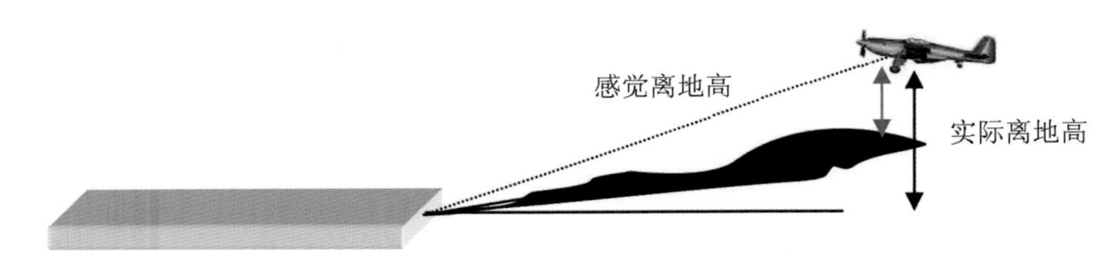

8-14　向下带坡度的地形

向上带坡度的地形　如图8-15所示，这种情况会使飞行员错误地认为离地面很远，飞机高度过高，从而错误地下降高度。

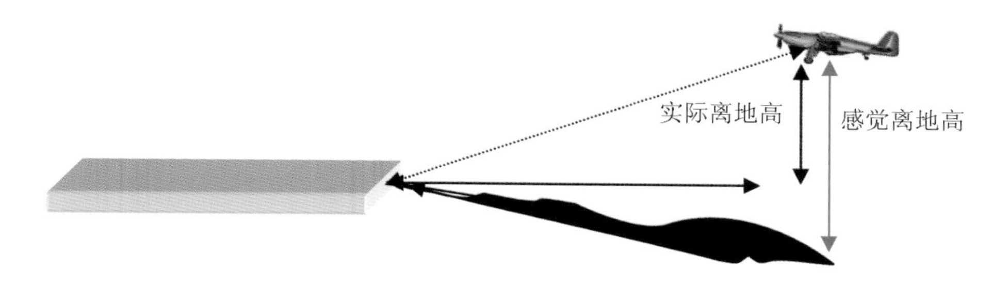

图8-15　向上带坡度的地形

空中的视觉错觉

斜坡状的云

如图8-16所示，云层并不是像飞行员在飞机上看到的是水平的，有的云层可能也会出现坡度。认为云层是水平的飞行员会将云层的平面当作地平线，并拿来做飞行时的参照。

图8-16　斜坡状的云

最惨重的一起由斜坡状的云层引发的飞行事故发生在1965年的纽约，一架B707和L1049相撞。当时其中一架飞机的飞行员错误地将云层平面作为地平线来参照，与云层平面保持平行飞行，这时另外一架水平直线飞行的飞机出现并向其冲来，两机在做避让动作时相撞。

以太阳为参照

当飞机在靠近云层顶端的地方飞行时，飞行员可能会分辨出太阳所在的方向。飞行员会认为太阳是在飞机的垂直正上方的。其实太阳在飞机垂直正上方的情况很少见，图8-17就说明了飞机的实际位置。这时，飞行员应该左转到垂直位置。

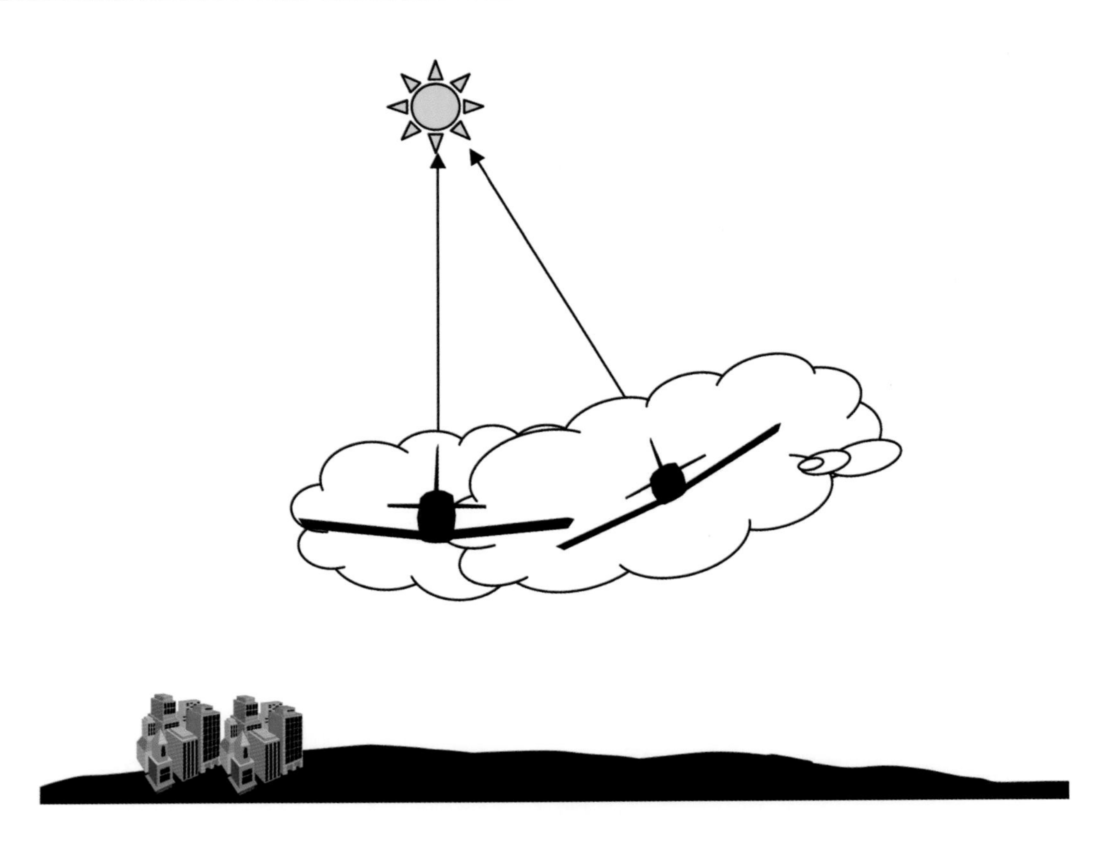

图8-17 以太阳为参照引发的错觉

黑洞效应

夜航往往是飞行事故的多发时段，因为飞行员的能见度取决于眼睛能够看到的最远的发亮物体。黑暗使大多数飞行视觉参照都失去了作用，深度知觉也被大幅度减弱甚至是完全不起作用。发亮物体在夜间更加明显，飞行员可以在夜间从比白天更远的距离之外看到发亮物体。但是当飞行员在一个周围没有照明的地面（如水面或沙漠）上的跑道上做进近时，判断会变得很困难。这就是所谓的**黑洞效应**。

在没有照明的地面上空做进近时，飞行员会在比白天更远的距离外就看到跑道灯。这样会给飞行员一种飞机高度过高的错觉，可能会造成进近判断错误或着陆距离过短。夜间，明亮的灯光及好的能见度会使飞行员估计距离过短；相反地，灯光微弱以及能见度差会使距离估计过长。

在黑洞效应下，目视进近的飞行员的进近下降剖面会发生改变，以下因素还会使误差增大：

➢一个需要长距离直线进近的机场坐落在一个小镇的旁边；

➢飞行员不熟悉跑道的尺寸（长度、宽度）；

➢机场的海拔比周围地形略低；

➢机场没有良好的灯光系统；

➢一些小的居民房分布在机场周围。

夜间视觉因素

其他的一些在夜间会误导飞行员的因素如下：

➢一条照明条件非常好，看起来很明亮的跑道会使飞行员误认为跑道很近，造成飞行员提前下降高度；

➢在能见度较好的夜间飞行会使明亮的物体看起来比它们的实际距离要近；

➢在地平线不清晰的情况下进近，有可能会把零散的灯当作是天空的星星，这样会使飞行员有飞机仰角过大的错觉，并向下调整机头；

➢如果地平线不清晰，远处城市的灯光会使地平线看起来比实际的要低；

➢看不见星辰的夜间在一片黑暗的海域上空飞行，飞行员可能会将海上渔船的灯光当作是星光，从而觉得飞机仰角过大而调整飞机俯仰使得那些“星光”在飞机的上面。

挡风玻璃上的雨水

挡风玻璃上的雨水会造成光线折射，使飞行员认为飞机距离地面高度过高，如图8-18所示。跑道会看起来比实际的要低，在这种情况下，每海里（1 NM=1852 m）可能会造成200 ft的误差。

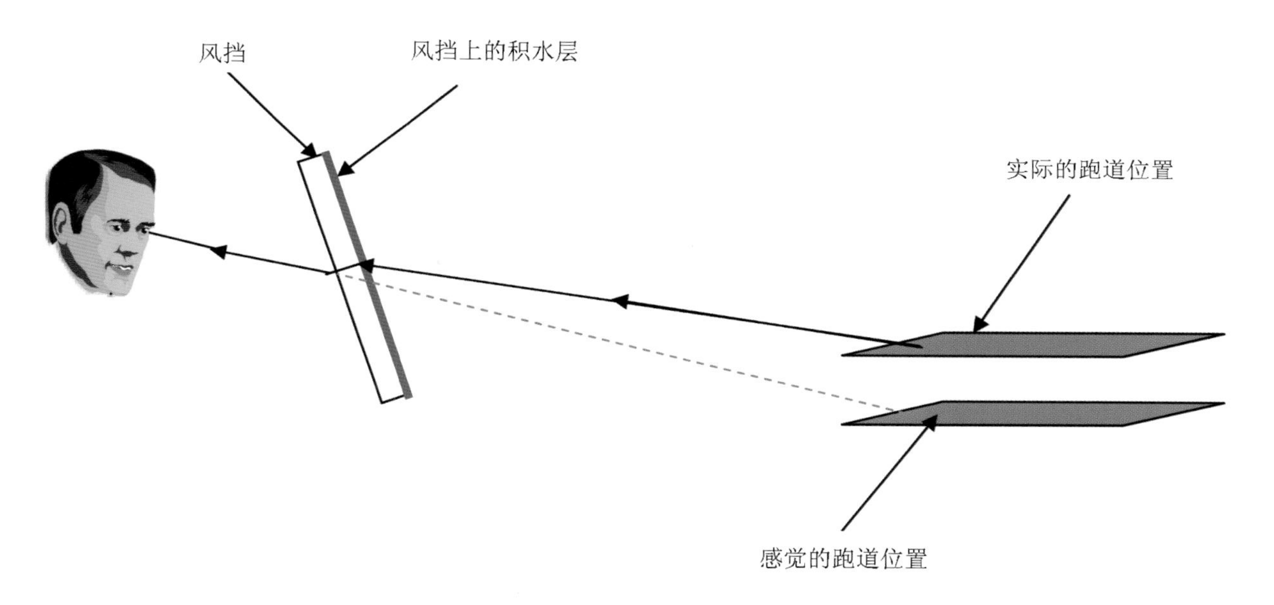

图8-18 挡风玻璃上的雨滴引起的错觉

在下雨的夜间进近，跑道灯会看起来比实际的大。这样会导致飞行员认为跑道比实际的近，从而造成进近角过小。

反应时间

一架飞机迎面朝自己进近时，视网膜上的飞机图像尺寸直到飞机接地前一刻还比较小。这样，当目标物体从视野穿过时，其在视网膜上的成像会迅速增大，可用的反应时间则会很短，如图8-19所示。

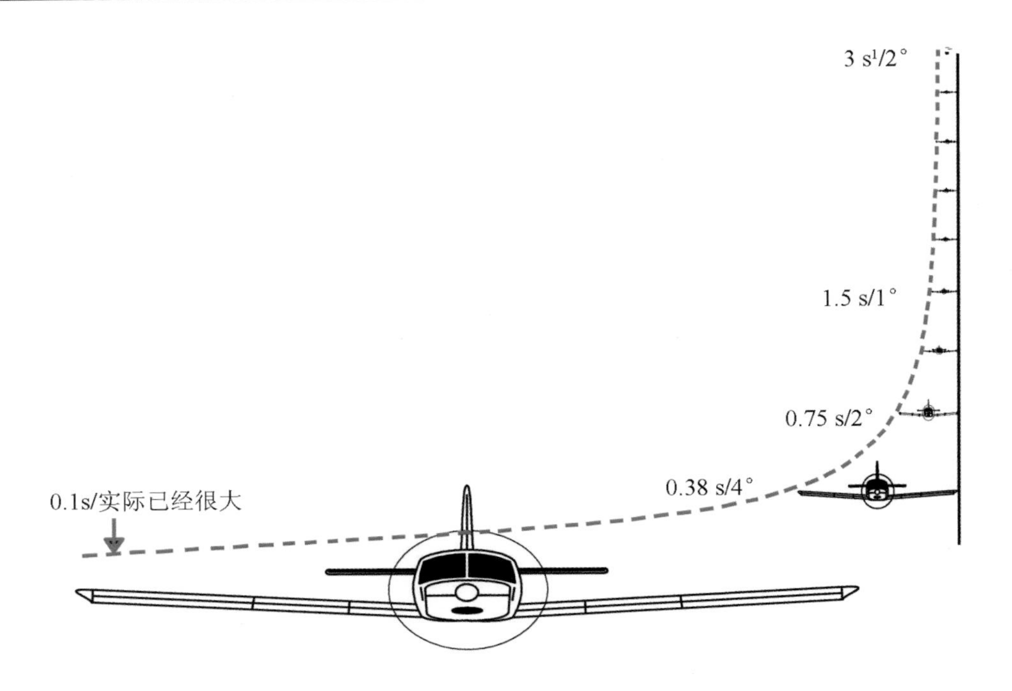

图8-19　飞行中看到的飞机大小与反应时间的对照图

由视杆细胞负责的周边视觉对物体穿过视野的运动非常敏感。

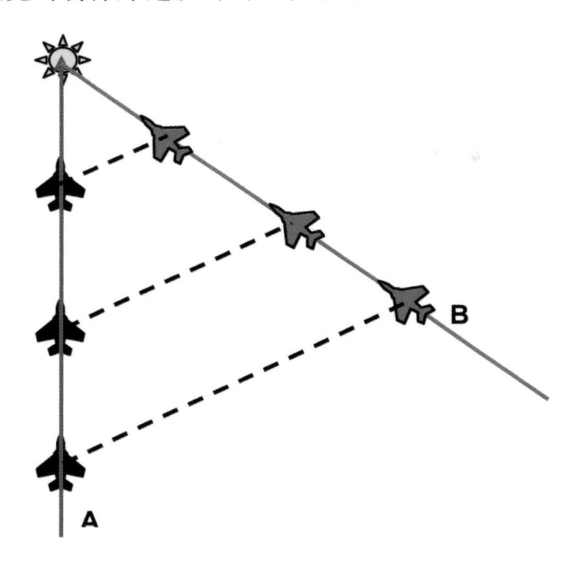

图8-20　两架飞机呈会聚角飞行

在图8-20中，两架航向速度保持不变的飞机以相撞航迹在飞行。

如果飞行方向保持不变，两架飞机之间没有相对运动，那么在飞机A的视野里，飞机B是保持静止的。因为没有刺激视杆细胞的运动情况出现，所以在相撞前两架飞机都没有看到对方。两架飞机的航迹相交角度又很小，所以当发现时已经来不及避让了。

视觉灵敏度

视觉灵敏度是眼睛分辨物体细节的能力。当眼膜成像聚焦在中央凹2°以内时，眼睛的视敏度最高。

生理盲点

两只眼睛都有盲点。在正常视力条件下，由于盲点的位置，一个人不能察觉到视力受到盲点的影响，因为眼跳运动会做出弥补，填补盲点位置的图像。下面的实验可以证明眼跳运动（眼球以1/3 s的周期震颤）的存在。在一个晴朗的夜空，站立不动，然后集中注意力看一个星星，5~10 s过后，你会觉得星星开始移动。这个过程我们叫作自主运动。

图8-21可以表明盲点的存在，离图片30 cm远的距离，然后：

➢闭上左眼；

➢右眼看着图中的叉；

➢慢慢将图片向脸部移动。

随着图片靠近眼睛，图上的飞机会消失然后又出现。

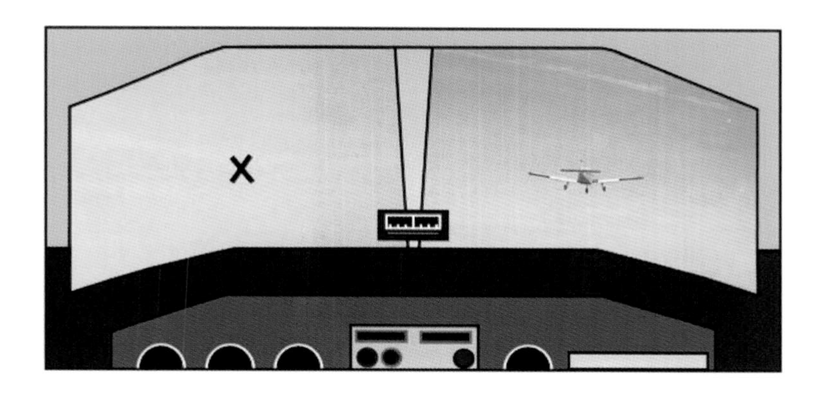

图8-21　生理盲点

夜间盲点与飞机盲点

夜间视物时，前方物体投射在中央凹处的视锥细胞上，由于视锥细胞对弱光不敏感，使人感到视觉模糊，称为夜间盲点。偏离中心注视法可缓解此现象。由于飞机设计造成的、影响飞行员视野的部位，称为飞机盲点。所有的飞机都有盲点，这视机型及飞行员坐姿有所不同。

第九章

航空医学——耳、听觉和前庭系统

导言

耳朵有2个功能,一是听觉,二是平衡觉。耳朵由三部分组成:外耳、中耳和内耳,人耳结构如图9-1所示。

外耳和中耳对振动有反应,所以它们仅仅负责听觉部分。内耳有2个部分,**耳蜗**和**前庭器官**。耳蜗的功能是将空气的振动转换成电子信号传送到大脑,而前庭器官主要负责人的平衡。

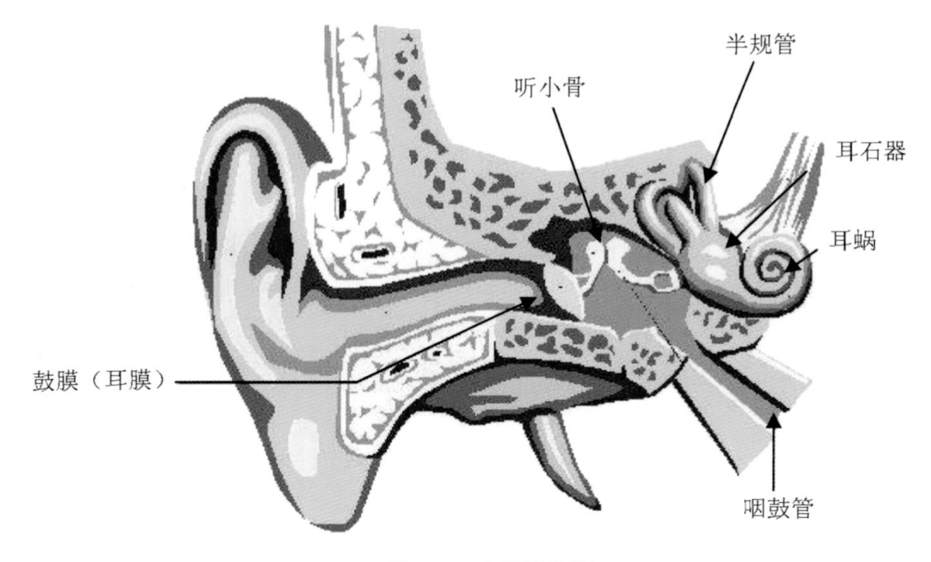

图9-1　人耳结构图

中耳

声波通过外耳传到**鼓膜**,并使之振动。**听小骨(包括锤骨、砧骨和镫骨)**将振动扩大并通过中耳(声音传导系统)传导到内耳。耳蜗将振动转变为神经冲动,然后将神经冲动传达到大脑,大脑会将其识别为声音信号。

中耳是一个充满空气的空穴,它通过耳咽管与鼻子呼吸道的后部相连。耳咽管能够调节外耳与中耳的压力平衡。

噪声

声音振动或压力波(噪声)有2个变量,有可能直接对耳朵造成损害。

音强：声音强度，也就是平常我们所说的声音的响度，其大小取决于音波的振幅。

频率：也称音高，就是声音在1 s内完成周期性变化的次数。

人类听觉所能分辨的频率范围为20~20000 Hz，以1000~3000 Hz最为敏感。每一种频率的声波，都有一个刚能引起听觉的最小强度（听阈），见表9-1。

表9-1 常见的声音频率

音频	声强的程度
50~100 Hz	直流电源“嗡嗡”声
256 Hz	钢琴中央C的音
300~500 Hz	一般说话的声音频率
8000 Hz	人声音能达到的最大频率

声音强度通常以分贝（dB）来计算。表9-2所列的是一些声音分贝数以及相应的声强的程度。

表9-2 一些声音的分贝数

分贝数	声强的程度
0 dB	听觉阈限（人耳能听到的最小声音）
15 dB	低语（窃窃私语）
30 dB	一般的谈话音量
45 dB	嘈杂的办公室的谈话声
60 dB	管弦乐队合奏声
90 dB	空气钻的声音
120 dB	飞机活塞发动机的声音（数英尺之外）
125 dB	迪斯科厅的声音
130 dB	飞机喷气式发动机的声音（数英尺之外）
150 dB	飞机喷气式发动机开加力的声音

噪声的影响

噪声对耳朵的损害程度取决于噪声的强度，以及耳朵暴露在噪声中的持续时间。

听觉系统在超过85 dB的噪声环境下就会造成暂时性的听力损失。如果听力系统长期性地暴露在高于85 dB的噪声环境下，每天超过8 h，就可能造成永久性的听力丧失。如果耳朵每天处于120 dB以上的噪声环境中几个小时，这样的情况如果有3~6个月，就会造成噪声性听力减退甚至耳聋。

噪声超过120 dB会引起耳朵如下症状，见表9-3：

表9-3 噪声超过120 dB对人的影响

分贝数	对人的影响
120 dB	耳部产生不适感
140 dB	耳部产生痛觉

噪声对人体的其他影响还包括：

➢100 dB的噪声；

✧频率低于100 Hz的噪声会引起身体出汗；

✧高强度的噪声会损害身体和精神的协调性，导致空间定向障碍；

✧必须考虑到，在危险水平以下的高强度噪声环境下工作，会导致个体的工作效率下降。

传导性耳聋

耳聋可能是由于中耳受到损伤而引起的，如耳膜穿孔、中耳感染以及听小骨移位等。这些损伤可以被治愈而且不会引起听力下降。如果出现永久性失聪，那就是**传导性耳聋**。

耳蜗

耳蜗受损伤是很严重的，而且很有可能无法治愈。人工植入耳蜗有可能帮助耳聋者获得一些听力。耳蜗内充满了敏感的薄膜，这些薄膜连接着负责接受振动的神经末梢。这些神经末梢会将振动转换成神经冲动传达到大脑，大脑会将其解读为声音。

噪声性耳聋(NIHL)

如果耳蜗里的薄膜振动幅度过大，可能会造成薄膜的永久性损伤。薄膜上敏感的毛状物会变得永久性弯曲而不能恢复。对高频率声音的敏感度会开始下降，这就是我们常说的**高音聋**。这种听力受损所在的频率一般高于人的语音频率，在3000~6000 Hz。所以刚开始出现听力减退时，个人一般不容易发现，因为它对人的普通交谈并没有什么影响。

噪声性耳聋的其他影响也包括听声音含糊不清，在这种情况下，和谐的高音会变得模糊含混，低频的声音也只能大概听到元音声。

暂时性的听力丧失被称为**暂时性阈移**(Temporary Threshold Shift，TTS)。这一般是由于在短时间内人耳处于高强度的噪声环境下所造成的，暂时性阈移可能会持续几分钟、几小时或几天。噪声造成的暂时性阈移也可能转变为永久性的。当耳蜗的神经纤维被破坏以后，就会造成永久性的阈移。不幸的是，永久性的听力丧失会比永久性阈移更早出现。这时，要预防失聪已经来不及了。

防噪

保护听觉很简单，飞行员应该注意保护听觉。喷气机引擎的噪声，工厂车间的噪声，交通车辆的噪声，迪斯科舞厅里的噪声，甚至是随身听，都会对听力有所伤害。耳罩或耳塞可以非常有效地减少噪声对听力的损害。

耳塞可以使噪声的强度降低25 dB左右，而耳机或耳罩可以使噪声的强度降低45 dB左右。

老年性耳聋

随着人年龄的增长，人的听力会逐渐下降，这就是我们常说的老年性耳聋。有30%～35%的65~75岁的老年人会出现老年性耳聋。年龄的增长会对听力有影响，最先下降的一般是对高频率声音的敏感度，这种现象被称为永久性听阈偏移。

振动

振动会对视觉及精神运动产生影响。以下是1～20 Hz的振动对身体产生的各种影响：

1～4 Hz　　呼吸问题；
4～10 Hz　　可能会出现胸部或胃部疼痛；
8～12 Hz　　腰部疼痛；
10～20 Hz　　头痛以及眼疲劳。

前庭系统

耳内的前庭系统由负责感知身体角加速度的内耳半规管，以及负责感知身体线加/减速度的耳石器、椭圆囊和球囊组成，见图9-2。

半规管

每个耳朵里有三根充满液体的半规管，三根半规管在三个不同的平面方向，并且彼此相互垂直。它们分别叫前半规管、后半规管和外半规管。

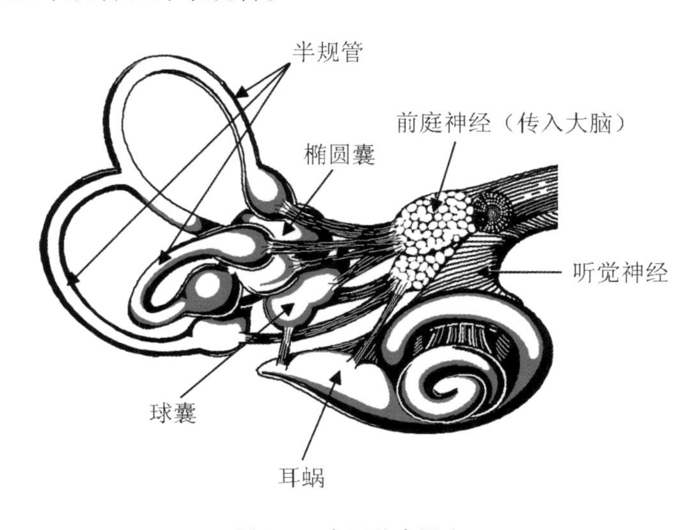

图9-2　内耳前庭器官

在每个半规管的根部都有一个感觉器官，叫作壶腹帽。壶腹帽是一个凝胶状的球形物，位于半规管末端圆拱形的部分，它能探测到周围液体的流动。这些运动会转变成电子信号。由于3条半规管相互垂直，大脑可以根据这些信号得到三维立体的信息来帮助我们控制平衡，以及告诉我们哪个方向是上，见图9-3~图9-6。

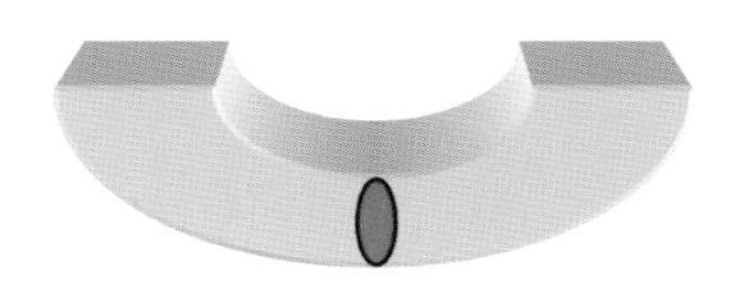

图9-3　壶腹帽处于静止状态

人体在做侧向运动时，半规管内的液体流动会慢于身体运动，然后壶腹帽就可以探测到相应的液体的压力。

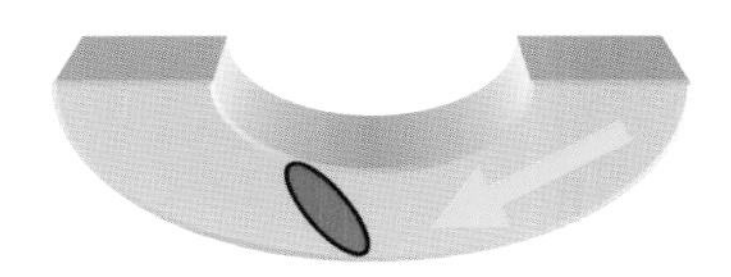

图9-4　身体做侧向运动

当液体运动追上头部运动时，会重新回到平衡状态，壶腹帽又会重新回到静止状态。

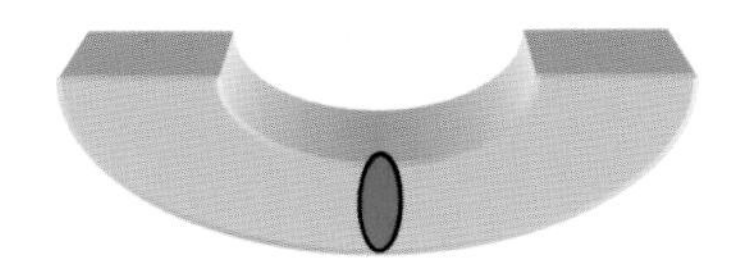

图 9-5　壶腹帽重新恢复静止状态

当头部运动停止后，半规管内的液体会由于惯性继续运动。这会引起壶腹帽感受的偏差，认为身体是在朝相反的方向运动。

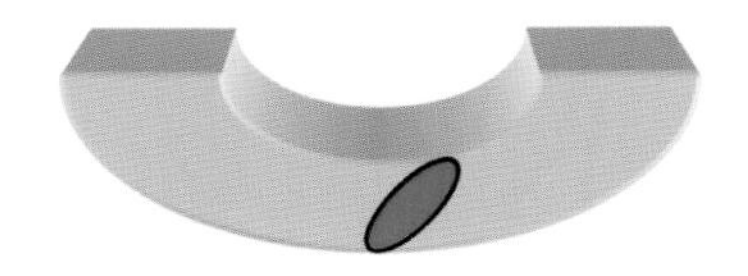

图 9-6　壶腹帽处于向相反方向偏转状态

由于半规管是相互垂直的，所以将双耳全部6个半规管的信号结合起来就能感觉到任何方向的加速度。在缺乏视觉线索的条件下，大脑会将这些信号解读为：

➢加速运动；
➢简单的加速；
➢加速度的变化；
➢匀速运动。

总的来说，半规管能够感觉到头部的任何角运动。

耳石器

耳石器(见图 9-7)是位于前庭系统的一些小囊。一层凝胶状薄膜包裹着一些白粉状的晶状物，这就是耳石。耳石膜上有一些很敏感的纤毛来防止异物进入。耳石对直线运动和重力非常敏感。

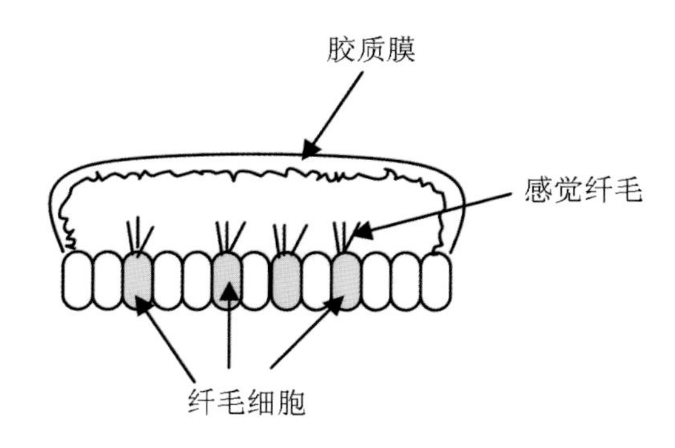

图 9-7　耳石器

与重力相关的头部运动会使耳石器膜内晶状物的位置发生变化，引发纤毛发生弯曲，从而向大脑发出头部运动的信号。当头部是垂直的时候，纤毛细胞会发出“静止”状态频率的神经脉冲。当头部处于倾斜状态时，“静止”状态的神经脉冲的频率会改变，大脑就会收到头部相对于垂直位置的新的位置信号。

耳石器也对直线加速度运动很敏感。人的身体并不能从生理上区分出直线加速度和重力所产生的惯性力。例如,前向加速度运动会使耳石膜出现向后位移。当没有适当的视觉参照来表明向前运动时,耳石膜的位移就会使人产生后倾的错觉。因此,人的直线跑步运动会给人一种上升或下降的错觉。

第十章

航空医学——前庭错觉

前庭器官错觉

倾斜错觉

倾斜错觉是指飞机实际上是平飞，而飞行员却感觉到飞机处于倾斜姿态的一种错觉。倾斜错觉通常发生在机组人员感觉不到角加速运动时。一般情况下，目视飞行(VFR)和仪表飞行(IFR)都可能出现倾斜错觉，产生过程如图10-1所示。

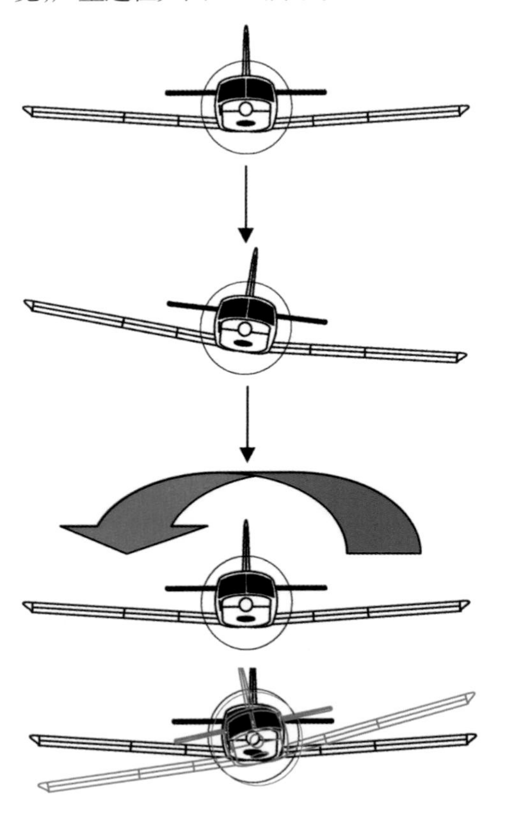

飞机最初处于垂直水平飞行

飞行员让飞机做的滚转角速度低于前庭器官的知觉阈限时，飞行员仍然相信飞机是做平直飞行

当飞行员发现飞机倾斜时，就会着手改为平飞。改平动作通常做得很快，以至于滚转的角加速度明显高于半规管的感觉阈限值

快速的滚转使飞行员相信改平后是向原滚转方向相反的倾斜错觉

图10-1　倾斜错觉产生的过程

倾斜错觉的持续时间可以长达1 h，但是这种情况很少见。飞行时飞行员通常使用一些机载设备来克服这种错觉。这种持续性的感觉冲突甚至会使飞行员精疲力竭。当飞行员受倾斜错觉的左右时，会被迫去矫正自己的身体。但这种矫正不是按飞机垂直轴向去矫正，而是按他认为的垂直线去矫

正。因此，在双座飞机中，一旦出现倾斜错觉，飞行员应当把飞机交由另一名飞行员操纵。

躯体重力错觉

躯体重力错觉是飞机在做直线加、减速度时，产生的惯性力作用于前庭耳石器和本体感觉器所引起的错误知觉。在躯体重力错觉中，任何加速度力都会引起这种错觉。

当在做短期的直线加速运动时，飞行员很容易分辨出加速度力和重力。但是在飞机做长时间的加速度运动时，飞行员就无法分辨出合力产生的加速度和重力产生的加速度。而合力是由惯性力和重力共同组成的，如图10-2所示。

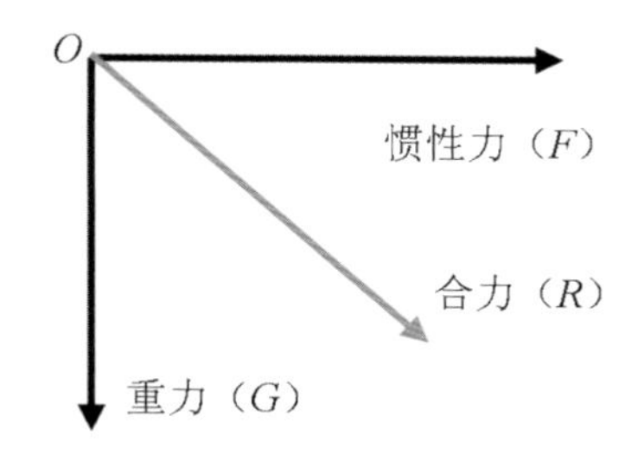

图10-2　直线加速时人体受力图

偏转和滚转中的躯体重力错觉

当飞机做盘旋运动时，通过飞机上的仪表和地平线指示，飞行员可以判断飞机是在做转弯运动。如果没有视觉的线索，由于半规管里的内淋巴液的刺激，飞行员仍然能感觉到飞机的转弯运动。但是如果飞机做匀速转弯运动时，半规管内的淋巴液处于平稳状态，球形囊也处于平衡的位置，飞行员就感觉不到飞机的转弯运动，而会认为飞机在做平直飞行，如图10-3和图10-4所示。

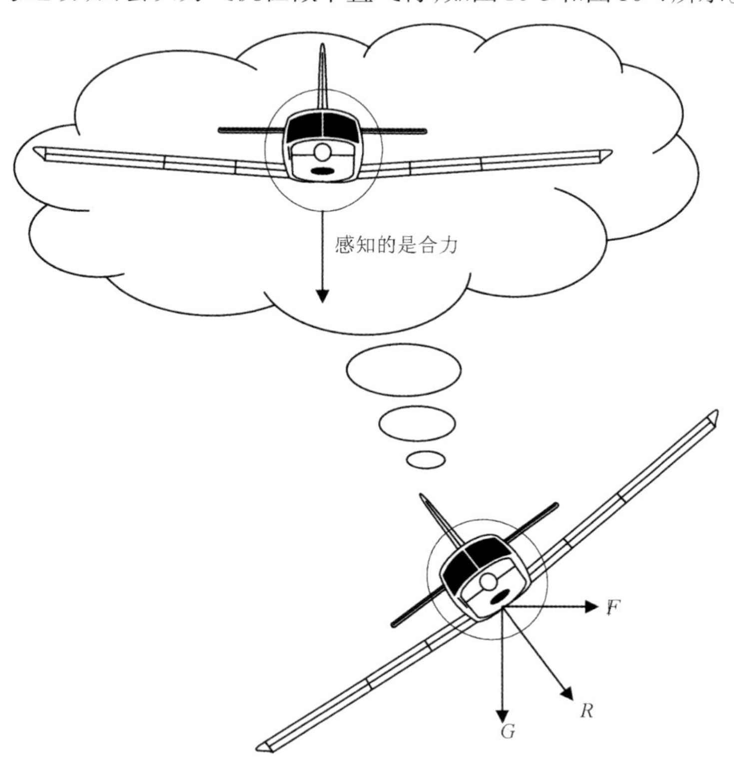

图10-3　偏转和滚转中躯体重力错觉示意图(a)

其中,F:角加速度运动的惯性力;G:重力;R:合力。

与此相反,如果协调转弯的飞机改平,飞行员会认为飞机仍然在转弯。

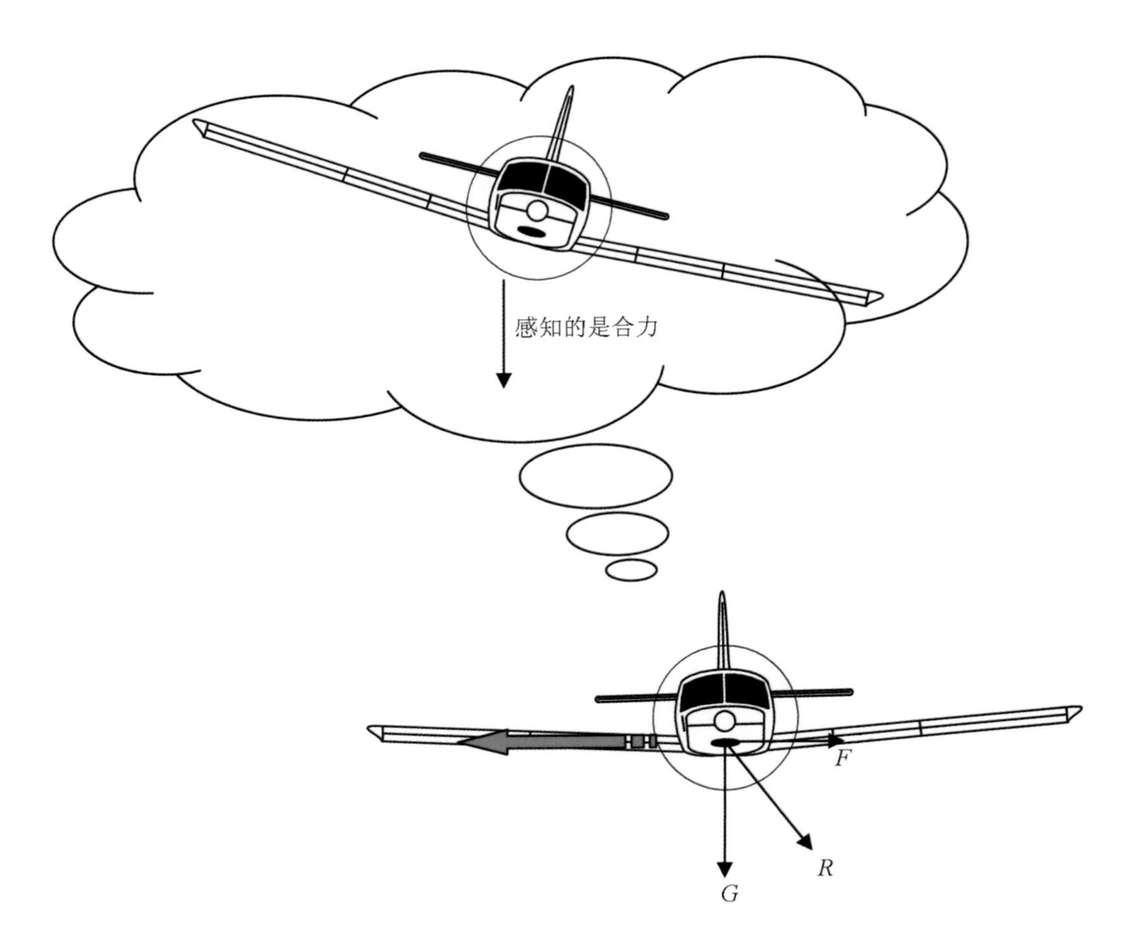

图 10-4　偏转和滚转中躯体重力错觉示意图(b)

倾斜中的躯体重力错觉

由于在飞行中较为常见,因此倾斜中的躯体重力错觉在这里较为重要。当飞机做匀速直线运动时,飞行员感觉到的受力情况如图 10-5 所示:

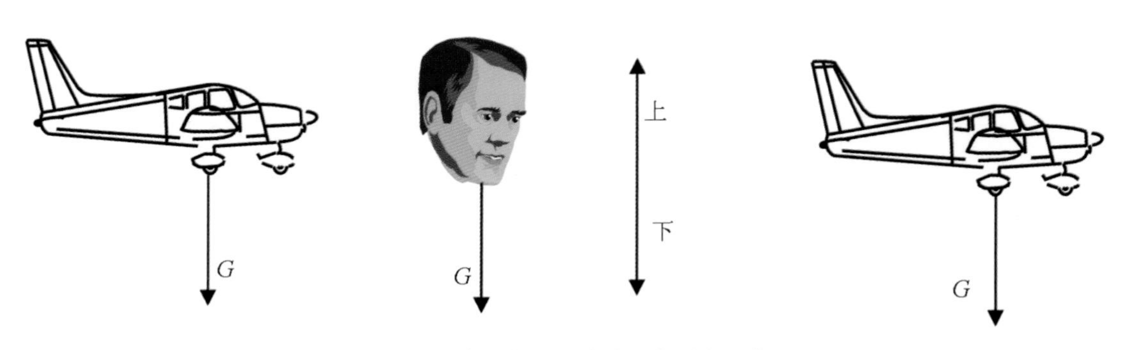

图 10-5　直线匀速运动的躯体受力示意图

当飞机做持续直线加速运动时，由于受合力的影响，飞行员会感觉到飞机在上升，如图10-6所示。这种错觉大约需要1 min才能辨认出。

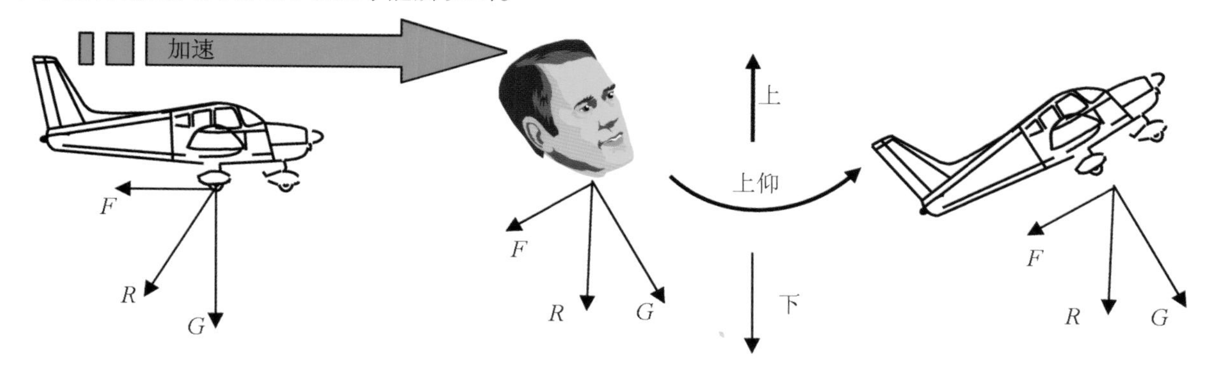

图10-6 直线加速运动时躯体受力示意图

其中：*F*：角加/减速度运动的惯性；*G*：重力；*R*：合力。

即使只有一个短暂的加速，例如弹射起飞（2~3 s内承受5*G*的加速度）也会导致产生5°左右的上升错觉，这种错觉大约需要1 min或更长的时间才能消失。

相反，如果飞机做直线减速运动，例如在放减速板时，会产生飞机下俯的错觉，如图10-7所示。

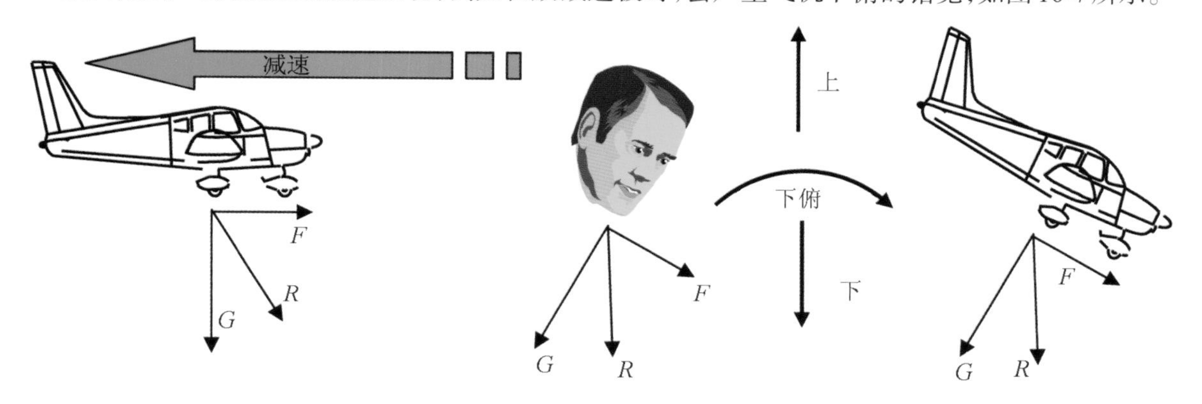

图10-7 直线减速运动时躯体受力示意图

在起飞和复飞时，尤其是在夜间或能见度不好的条件下，发生躯体重力错觉是特别危险的。在这种情况下，飞行员感到飞机上仰角过大就有可能引起立刻向前推杆的反应。由于推杆会使加速度增加，则会使这种错觉进一步加重。感觉越下俯会使飞行员做出拉杆的反应，实际使飞机越上仰，因此也会使躯体错觉越严重。

> **注：**如果飞机使用的是气动地平仪，随着飞机的加速，此地平仪的显示结果与飞行员的躯体重力错觉（如飞机上仰）是一致的。

图10-8来自于飞行事故报告，向我们展示了飞机是如何摔到地面的。飞行员感觉飞机上仰之后，会不断地推杆使飞机下降。

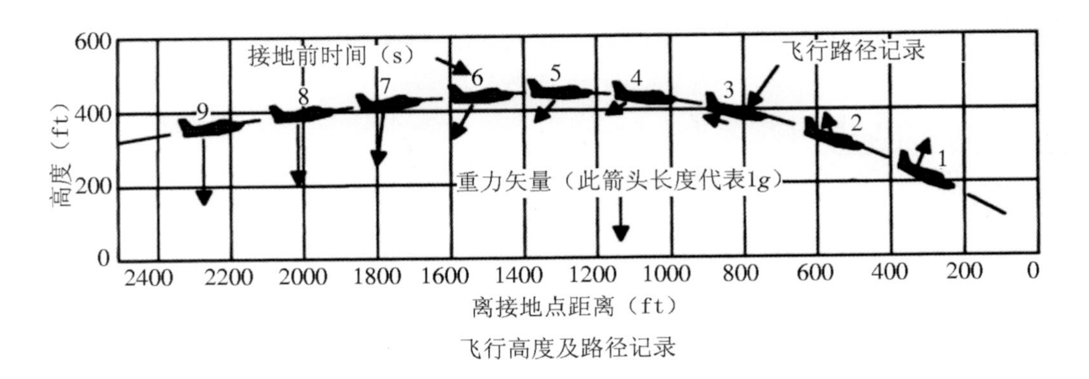

飞行高度及路径记录

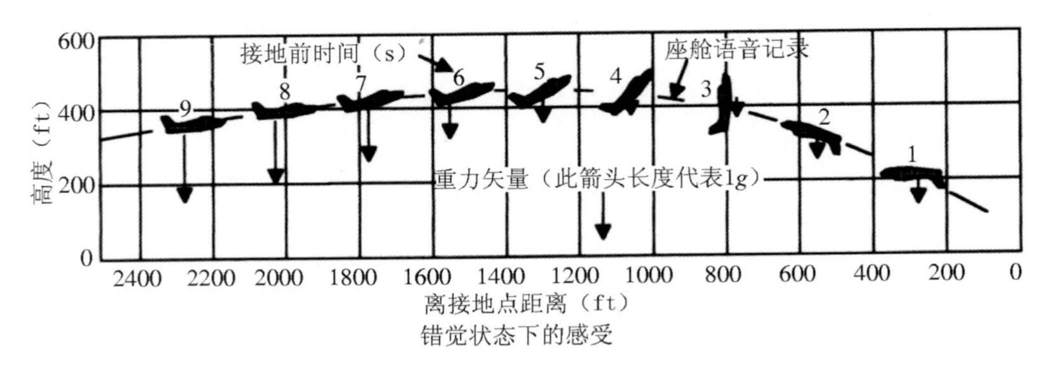

错觉状态下的感受

图 10-8　躯体重力错觉导致坠机示意图

超重错觉

当飞机旋转时，可能会使飞行员感觉到有角运动。如果飞机在旋转时，同时飞行员头也在运动（如看侧面仪表板时），飞行员就会产生翻滚的感觉。这种错觉产生时，个体头部的运动（向前或向后），或者动作的大小，以及产生的错觉感受都存在明显的个体差异。实验表明，在感觉飞机向下俯冲，飞行员进行拉杆操作时，头部同时向前运动会使飞行员产生向前翻滚的错觉。这种错觉发生的原因在于：

- 交叉的两根半规管受到刺激；
- 耳石器同时受到瞬时的刺激。

眼重力错觉

眼重力错觉是伴随躯体重力错觉而产生的一种错误知觉，是躯体重力错觉在视觉方面的特殊表现。在加速过程中，飞行员会产生上仰的错觉，同时还会产生注视的正前方物体向上移动的错觉。在减速过程中，飞行员会产生下俯的错觉，同时还会产生注视的正前方物体向下移动的错觉。产生这种错觉的机制主要不是来自于眼部运动，而是来自于大脑对当前感知的解释。如果外在视野是明确清晰的、有参照物的，这种错觉通常就不会产生。

在晚上，当仅有一些星星或者孤立的光点可见时，或者在外在视觉线索不是很充分的地貌地形（例如在水面或沙漠）上飞行时，眼重力错觉就可能导致飞行员产生空间定向障碍。

在外在视觉线索不充分的地方飞行时，由于飞行高度的变化，飞行员也许会去观察光源的运动情况和光源的瞬变位移。孤立光源的视运动也许被曲解为另一架飞机。在正常飞行状态下，跑道的光实际上比飞行员感觉到的要略低一些，如图10-9所示。

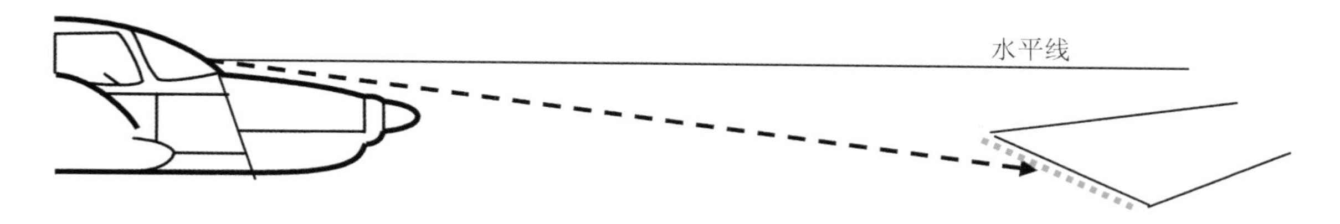

图10-9 跑道光线实际上比感觉略低

当飞机做加速运动时，重力与加速度的合力会使飞行员产生光源位置向上移动的错觉，如图10-10所示。这时，飞行员会自然地推断，这种感觉是由于飞机高度变低造成的，因此，飞行员会下意识地拉杆使飞机高度上升到一个他认为安全的高度。这种知觉与躯体重力错觉的方向相反，但是都是由于合力方向的改变所引起的。

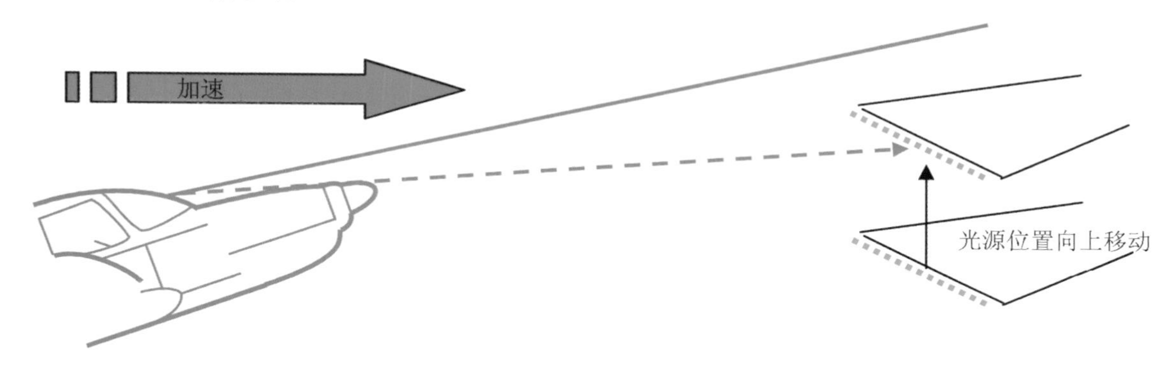

图10-10 光源位置向上移动的错觉

如果有足够的外在视觉线索作为参照，眼重力错觉通常不会出现。

电梯错觉

当垂直方向的作用力突然发生变化时，会发生视性错觉，这种错觉称为电梯错觉。 在20世纪20年代，这种错觉首先在美国的高速电梯中被人们体验到。当向上的重力加速度增加时，视野中的物体会产生向上运动的错觉。当向下的重力加速度减小时，视野中的物体会产生向下运动的错觉。

带角速度的运动眩晕错觉

眩晕被定义作为一种旋转的感觉，不过，眩晕现在通常与空间定向障碍是一个意思。躯体重力错觉和眼重力错觉通常是在做线性运动的情况下发生的。对于有角度变化或转动的运动，一般使用躯体旋动错觉和眼旋动错觉。

躯体旋动错觉

半规管能感觉到角加速度。如果以恒定的角速度做长时期的转动，如协调转弯、连续的滚转，或者旋转时，由于只在最初的几秒中存在角加速度，因此，只有最初几秒钟感受到的信息是正确的，如图10-11所示。

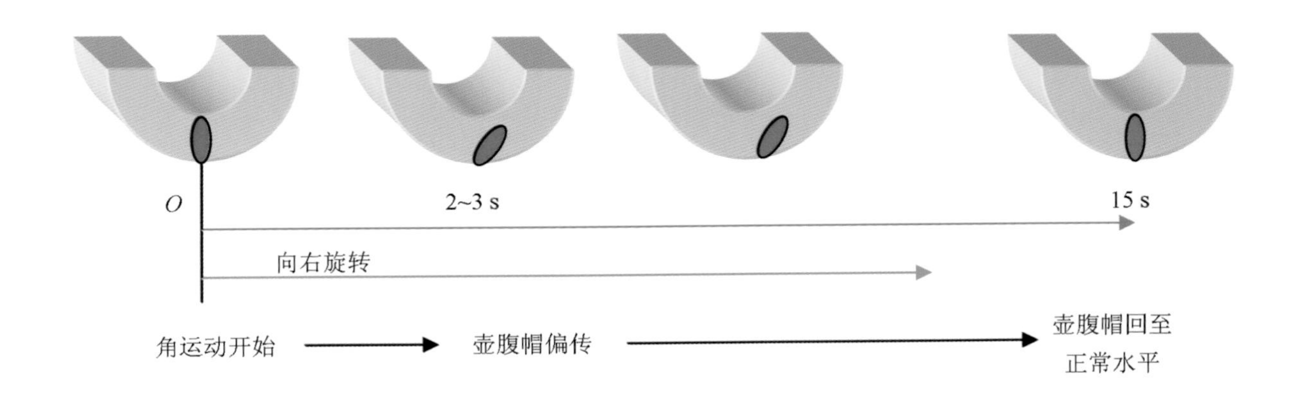

图 10-11　躯体旋动错觉示意图

最初感觉到的旋转感在15~30 s以后逐渐消失，消失的时长取决于：

➢旋转的速度；

➢旋转的轴心；

➢其他知觉器官的影响；

➢飞行员对这种运动的适应程度等。

图 10-12来自于美国空军，从图中可以看出，这是一个典型的旋转运动，在15 ~ 30 s以后，飞行员无法单纯通过前庭器官察觉到旋转运动。如果前庭器官不起作用，旋转方向也可以通过外界的固定参照物或检查驾驶舱仪器来辨别。

当前庭器官无法感觉到旋转时，外在视觉参考可以提供线索。躯体旋转时，在感觉上，外在的视觉参照物是在做与自身旋转方向相反的运动。

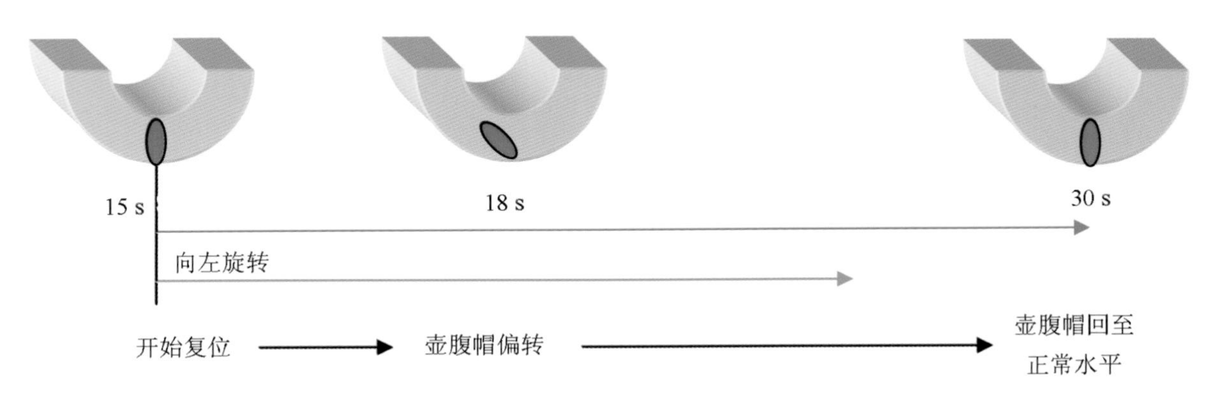

图 10-12　15 ~ 30 s后前庭器官回复平衡

当旋转停止时，感觉到的旋转会和实际的旋转方向相反，这也是一种错觉。在这种情况下，唯一可靠的判断标准就是外在视觉参照物或仪表信息。如果旋转速度很快，那么视觉也会受到影响。在快速的旋转停止了之后，通常需要几秒钟，飞行员才能恢复到原来的视敏度。

错误的感觉和被削弱的视觉在停止旋转时可能引发新的问题，飞行员可能会感觉到旋转已经停止了，但实际上，旋转还未结束。此时，如果飞行员做进一步的操作，飞机的应力就可能过大，导致飞机出现应力过载。

在旋转停止以后，飞行员也许认为飞机正在做与原来方向相反的旋转，并做出矫正性的操作，这样，飞机可能会再度进入原来的旋转。这会导致飞机出现螺旋，不断地做圆周运动。

眼旋动错觉

旋转会使视觉受到削弱，半规管同时也会出现错觉，使飞行员出现空间定向障碍。这些情况共同作用，会使飞行员对视觉物体的位置及运动出现错误知觉。

如果外界视觉线索很明显，这种错觉就不会发生，但是当外界视觉线索不足时，这种错觉会持续数分钟。因此，当旋转运动停止后，飞行员会感觉到他看到的光源还在旋转。

科里奥利错觉

科里奥利错觉又称交叉耦合错觉，是指当人体绕垂直轴旋转时，头又绕纵轴倾动所产生的绕第三轴即绕横轴的滚转知觉。这种错觉会造成严重的空间定向障碍。这种交叉耦合错觉包括耳石器所引起的超重错觉。飞机在旋转时，飞行员头部同时出现运动是造成这种错觉的主要原因。

当飞机在转弯初期时，头部的运动不会导致这种错觉，因为半规管能正确地感觉到这种运动。在这段时间里，每根半规管能正确地感觉到角速率，因此这种旋转运动和角运动都能被正确地感觉到。

当过了转弯运动的初期，头部的任何运动都可能导致科里奥利错觉。飞行员在按仪表做下滑转弯飞行时，必须转头操纵侧仪表板上的开关和旋钮，而这种情况容易诱发科里奥利错觉。

压力眩晕

当飞机在爬升或者下降时，中耳内的压力会发生变化从而引起压力眩晕。在通常情况下，感觉到的眩晕是强烈的，会出现明显的视觉模糊及视野内物体的明显运动。这种感觉持续的时间不长，一般为10～15 s。

空间定向障碍总结

空间定向障碍的预防

空间定向障碍的预防可以从以下三个方面进行考虑：

飞机因素

仪表：

- 仪表显示的质量；
- 不论在白天还是在夜晚，仪表显示都是清晰的，并且能够快速读取；
- 仪表满足其预期功能；
- 仪表可靠性；
- 清晰的故障指示；
- 让仪器的显示出现在飞行员的正前方，减少飞行员头部的运动；
- 当外界线索不清楚时，仪表的显示应有助于降低飞行员产生错觉的概率。

驾驶舱：

- 安置辅助仪器及控制设备，以尽量减少飞行关键阶段飞行员的头部运动；
- 驾驶舱配置的合理性；
- 倾斜的外部边缘、仪表板与航空器横向轴不在一个水平面上，当目视飞行时，无法协助飞行员保持水平位置飞行。

飞行员操作因素

认识到飞行环境及飞行操作过程中存在空间定向障碍的风险，飞行机组应该执飞那些与平时训练一致，飞行经历和飞行水平相当的飞机以及航线。

机组因素

在预防和克服空间定向障碍方面，平时的训练和飞行经验至关重要：

- **飞行员选拔**非常重要，因为飞行空间定向障碍存在较大的个体差异，应该选拔那些更适合飞行的人。
- **身体的健康状况**会影响前庭系统和视觉系统，这是安全飞行的基础。
- **服用药物**会增加空间定向障碍（如安眠药，尤其是巴比妥酸盐；用于治疗干草热的抗组胺药物；抗运动病药物如东莨菪碱、酒精等等）的易感性。这些药物很多在体内起作用的时间会超过24 h。

对飞行机组的建议

预防措施：

- 不要凭感觉或直觉去飞行；
- 特别是仪表飞行时，不要凭感觉去驾驶飞机，要相信仪表；
- 在外界视觉线索不清晰的情况下，不做仪表与目视的混合飞行；
- 在能见度不好时尽早转入仪表飞行，一旦转为仪表飞行，相信仪表，除非外界能见度很好；
- 熟练仪表飞行技能；
- 在外界视觉线索不好时，要保持高度的警觉性（如夜间飞行、低能见度条件下飞行等）。

以下情况不要飞行：

- 患上呼吸道感染（如感冒，耳朵或鼻子感染）；
- 受药物或酒精的影响；
- 因任何原因所引起的心理或生理上的极度疲惫时。

一段时间简单的目视气象条件训练后再进行你的首次飞行，要知道，有经验不代表不会出现空间定向障碍。

经常检查你的仪表并且相信仪表的读数，它们不可能全是错的。

如何应对空间定向障碍

➢通过将注意力转向飞行的其他方面来消除持续性的轻微错觉(如倾斜错觉等);

➢当突然遇到强烈的错觉时:

- ✧ 关注仪表指示;
- ✧ 注意仪表指示并不断地扫视;
- ✧ 根据仪表的显示来控制飞机;
- ✧ 不要把目视飞行和仪表飞行混合使用;
- ✧ 当遇到持续的空间定向障碍时,应向副驾驶或地面控制寻求帮助。

➢最后,记住,飞行在这种特定的空间环境下,出现空间定向障碍是正常的。

第十一章

航空医学——高空环境

导言

关于高空环境对人体的影响已经在前面的章节中详细阐述过了,这一章的目的是为了更加详细地描述高空环境带来的其他问题,例如:

➢对机组的辐射;

➢臭氧;

➢受压飞机的湿度;

➢高空压力;

➢氧气与供氧系统。

辐射

JAR-OPS 阐述了高空辐射的相关影响。这里仅讨论"协和号"这种商业飞机受到的影响。

运行高度超过15000 m(49000 ft)的飞行器——辐射指示器

所有在15000 m(49000 ft)以上高度运行的飞机都应当携带相应设备,此类设备能够度量和连续显示每个飞机所接收到的高空辐射的量。通过这种即显仪器可以很容易地看到高空辐射对机组成员的影响。

高空辐射由辐射颗粒物和光子组成,而光子是由空气中的带电粒子与氮气、氧气或是其他的大气组成成分相互作用产生的。这些物质在太阳光的作用下产生二次辐射,这也就是我们所说的高空辐射。太阳不停地释放出带电粒子。在通常情况下,这些物质由于能量太弱而不能进入大气,也就不会给我们的机组带来任何威胁。但在有些时候,它们的能量扩张到足以穿过大气层,并且持续增加,这就会增加高空辐射的强度。

地球的两极使得接近地球的一部分太阳辐射物质发生偏转。这种保护作用在赤道和赤道附近尤为明显。在赤道和赤道附近,磁力线是平行的,这就形成了一个遮蔽罩,避免太阳辐射物的侵入。而在地球的两极位置,磁力线正交于地球表面,此处的防护能力降低。测试发现,地球两极的辐射强度是赤道及附近地区的两倍左右,而我们许多的大圆航线恰好从两极穿过。

机组面临的危险

癌症是暴露在高空辐射下最主要的威胁。即便发病率较低,却也是机组所要面临的一种危险。1000个连续20年由伦敦飞越北大西洋上空到达纽约的机组中,有6个成员死于与癌症有关的疾病。

在正常的人群中，每1000人中，有将近250人死于与癌症相关的疾病。

高空辐射的遗传风险也是存在的。如果父母经常暴露在辐射中，他们的孩子也可能受到由辐射带来的基因缺陷。

臭氧

臭氧是一种有剧毒的气体，会刺激和破坏深呼吸道黏膜和组织，对眼睛有一定的刺激性。如果吸入少量，将会给肺带来刺激。如果吸入大量臭氧，将是致命的。同温层臭氧分子的形态主要取决于紫外线与氧气作用的强度。臭氧主要集中在115000 ft附近的高空，它的含量随着高度的降低而降低。当高度降低到40000 ft时，在大气中已经不存在或极少存在臭氧了。

在“协和号”巡航的高度，如果穿越极地地区，这里的臭氧含量可达到1～2 ppm（百万分之一）。这里的臭氧依旧可以穿越受压的驾驶舱。臭氧遇到高温时会受到破坏，接触到镍之类的金属会发生化学反应。一般要将温度加热到400℃，才可以完全破坏掉臭氧的结合物。利用压力系统将空气温度升高到这个温度以上，就可以防止臭氧进入座舱。

问题是随着高度的下降，发动机的动力也在降低。测试发现，驾驶舱内的臭氧含量应维持在不高于0.5 ppm的程度。这个浓度是较低的，在这种浓度下，长时间的暴露不会对人体带来持续性的影响。

湿度

水蒸气

水蒸气在大气层中以一种气体的方式存在。这种气体的含量随气候和环境的变化而变化。身体需要在潮湿的大气中照常工作，为了正常工作，肺部就要一直保持潮湿。大气中水蒸气的含量由相对湿度来度量。

相对湿度

相对湿度是水蒸气在大气中的含量，它一般用百分数来表示，其公式为：

相对湿度=（大气中的水含量/大气中所能承受的水含量）×100%

温度是决定相对湿度的主要因素。暖空气比冷空气所包含的水蒸气更多一些。高空中的空气温度要冷一些，因此比起低空的空气来说，它所包含的水分要少一些。

人体最适宜的相对湿度为40%~60%。当飞行高度较高时，相对湿度有可能降低到5%左右；对于较低高度的飞行，湿度一般维持在30%~40%。

当相对湿度较低时，眼睛可能会因为干燥而感觉不舒服。

湿度控制

增湿器是一种高空飞行时增加空气湿度的方法。它会降低干燥空气给人带来的不适感。

增湿器常常被安置在机身管道尾部的加热和冷却装置中。

高空压力

驾驶舱压力

现代的运输飞机将客舱压力保持在6000~8000 ft的高度。这样的压力水平能够使机组成员和乘客：

➢避免高空缺氧和高空减压病的发生；

➢让机舱内的环境保持舒适。

目前，大多数现代化客机的爬升率在2000 ~ 3000 ft/min。为了保持机舱环境舒适，机舱压力的变化率需要控制在150 ~ 300 ft/min。这样，在飞机爬升时，身体能够缓慢且舒适地达到压力平衡，但有些人仍旧会感觉到耳朵不舒服或者肠胃胀气。由飞机的发动机压缩器为机舱增压，由气压计感应并控制压缩装置产生增压空气，进入机舱。

机舱增压的有利之处

机舱增压的好处是：

➢可以预防高空缺氧病和减压病；

➢紧急情况只需要供氧即可；

➢可以减轻高空肠胃胀气带来的不适感；

➢机舱内部比外部环境要温暖；

➢人可以在机舱内走动。

机舱增压的不利之处

机舱增压明显是利大于弊的，其不利之处包括：

➢机舱内的空气容易受污染；

➢一旦出现快速释压，将使乘坐者直接面对严酷的高空环境。

飞机的供氧系统

飞机上的供氧系统可以提供纯氧或含氧气体以供呼吸。JAR-OPS规定了在高空飞行环境中，机舱内的氧气浓度标准。

高空飞行

下表11-1中给出了不同高度下相对于标准大气压的大气压力水平。

表11-1　不同高度下的大气压力水平

绝对气压	米	英尺
700 hPa	3000	10000
620 hPa	4000	13000
376 hPa	7600	25000

飞机在高空飞行时，如果外部的大气压力小于700 hPa（10000 ft之上），则必须在客舱内配备氧气

存储及供氧设备。

所有飞行高度超过10000 ft的飞机，必须使机舱内的压力水平要大于700 hPa，并且在客舱内配备氧气存储及供氧设备，以便在需要的时候供氧。

在1962年7月1号之后，所有的增压客机，如果飞行高度的大气压力小于376 hPa，就必须配备相应的设备，以便在释压时能够为飞行员提供温暖的飞行环境。

任何在1998年11月9日之后取得适航认证的飞机，如果需要持续在大气压力小于376 hPa以上高度飞行，或者，在大气压力376 hPa以下高度飞行，但在4 min之内无法将高度下降到大气压力620 hPa以下高度，则必须安装自动供氧设备，以满足高空飞行的需要。

飞机上存备的氧气量必须至少超出机舱内乘客需要氧气量的10%。

供氧调节器

飞行员必须用供氧调节器来控制氧气面罩中氧气的流量。这可以降低氧气压力，使其达到可供正常呼吸的水平。供氧调节器包括稀释器，稀释器可以使氧气和周围的空气进行混合，从而在供氧的时候达到稀释氧气的作用。飞行高度超过30000 ft的飞机，必须配备自动供氧调节器。便携式的氧气瓶使用连续气流调节器，在客舱系统中比较常见。

供飞行机组使用的稀释器备有一个压力表、一个气流指示器和一个空气阀杆，其高度指示范围通常为0~37500 ft。飞行员通过呼吸动作可以吸入氧气。供氧调节器既可以提供混合的氧气，又可以提供纯氧气，提供何种类型的氧气取决于选择何种工作模式。

氧气面罩

飞行机组使用的氧气面罩覆盖全脸，能够隔绝外部空气。这种设计在机舱内全部是烟的情况下是很有必要的。乘客所用的氧气面罩通常不能覆盖全脸。这种面罩能够持续提供纯氧，它无法隔绝外部空气，因而也就没有防烟的功能。

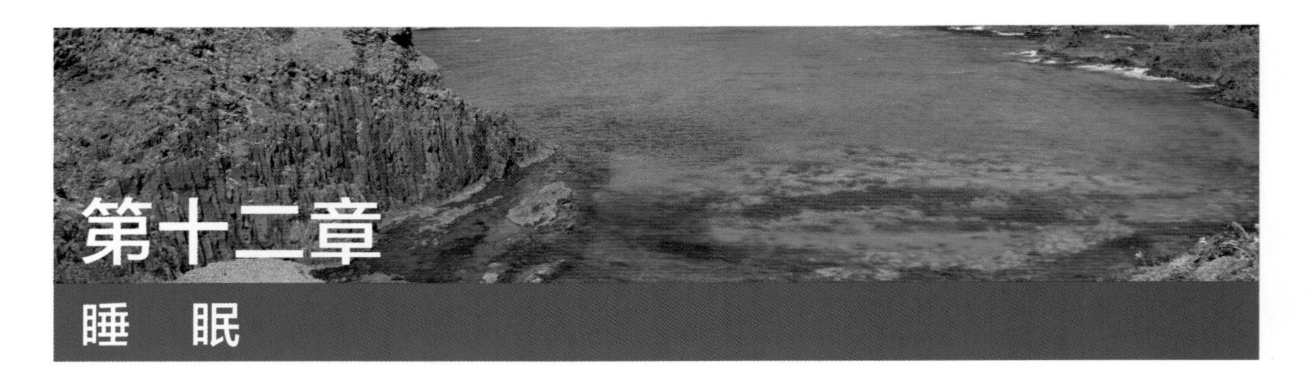

第十二章 睡眠

导言

为满足现代社会的发展需求，民用航空业需要全天24 h运营。这就要求机组人员能够满足这种24 h运营的需求。飞行疲劳因此而产生，并带来了严重的安全问题。但一直到飞行员出现了严重差错的时候，疲劳与睡眠不足的问题才可能变得比较突出。在整个飞行生涯中，飞行员经常有疲劳的体验，许多机组人员认为这是职业性的风险。商业运行压力与日俱增，这要求即使是最适合飞行的飞行员，也要快速地从疲劳中恢复，其中最需要关注的是睡眠。本部分的要点有：

- ➢疲劳是如何产生的；
- ➢如何应对疲劳；
- ➢睡眠与睡眠紊乱。

疲劳

疲劳的危害

不论是执行短航线飞行还是长航线飞行，对于飞行员来说，疲劳飞行都是非常危险的。由于疲劳有着在不知不觉中加剧的特性，个体在最初往往不能够感受到它的出现。一个已经处于疲劳状态的飞行员，也许并不能够意识到它的渐进的、累积性的影响，最终也无法意识到自己的工作表现也在逐渐变差。由于表现缓慢，飞行员可能无法识别出自己工作表现的降低。

一个已经处于疲劳状态的飞行员会失去自我评价的能力，更容易接受低于标准的飞行，以及接受不准确的判断。随着疲劳水平的增加，决策能力逐渐降低，整个思维过程受损。由于这些问题的影响，飞行员可能会要求重复检查有关信息。疲劳导致反应时间增加、易怒、情绪不稳、信息沟通受阻并影响团队工作表现。

疲劳甚至使飞行员表现出冷漠的情绪，变得不关心飞行结果与操纵表现。

研究表明，一个人不睡觉的时间达到24 h，其结果与摄入了8个单位的酒精的影响是一样的。这个人可能有一定的欣快感、脑袋昏昏沉沉、反应时间延长、监控技能降低，变得与外围环境相隔离、思维受损。

对警觉性的影响

任何一项需要警觉性的任务，都会受到疲劳的影响。我们可以将疲劳区分为：

短期疲劳(急性疲劳) 短期疲劳通常受日常生活的影响。短期疲劳是人体经历了一定的生理或心理应激之后所产生的疲倦感,会使得警觉性降低,变得迟钝,工作表现变差。良好的休息与睡眠,加之恰当的营养与锻炼,有助于防止短期疲劳。

长期疲劳(慢性疲劳) 一系列的急性疲劳之间,如果没有得到充足的休息,就会出现慢性疲劳。慢性疲劳唯一的恢复手段是延长休息时间。在慢性疲劳期,个体的工作表现与判断能力都会降低到一个危险的水平。

飞行员疲劳的成因

飞行员的疲劳通常由下列因素引发:

- 昼夜节律失调——时差效应;
- 短程排班——几日多段飞行;
- 排班问题——长期备份或者是长期的值班飞行;
- 由于个人或家庭原因出现睡眠缺失。

还有一些其他因素也会引发疲劳,但上述因素是主要原因。

飞行员疲劳的症状

飞行疲劳有如下几个症状:

- 生理与心理的反应时间增加;
- 差错变得很平常;
- 缺少自我批评;
- 执着于某单一信息或任务;
- 短时记忆受损;
- 判断能力受损,导致不当决策;
- 容易偏离主要工作;
- 飞行余度减少;
- 昏昏欲睡;
- 情景意识受限;
- 信息沟通技能受损。

咖啡、专心致志或毅力,都不能消除掉这些疲劳症状。它们可能会延缓疲劳的出现,但是结果通常会变得更糟。

睡眠与睡眠剥夺

生物钟是用于描述人体生物节律的科学术语。人体遵循着特定的生物节律,其中有些是以24 h为一周期,称为昼夜生物节律。其他的生物节律有着不同的周期表现,如女性的月经周期是28天,儿童的睡眠/活动周期是90 min。

对于飞行员而言,睡眠/觉醒节律是众多昼夜生物节律研究中最有价值的一个。人体温度大致保持在37℃左右,在24 h为一周期的时间段里,体温在36.2~36.9℃变动。睡眠/觉醒节律与人体温度改变相匹配：

➢在个体醒着的时候，体温上升；

➢在个体准备入睡的时候，体温下降。

在图12-1中，体温周期呈现出规律的最低值和最高值。注意，在午餐后体温有小幅下降。

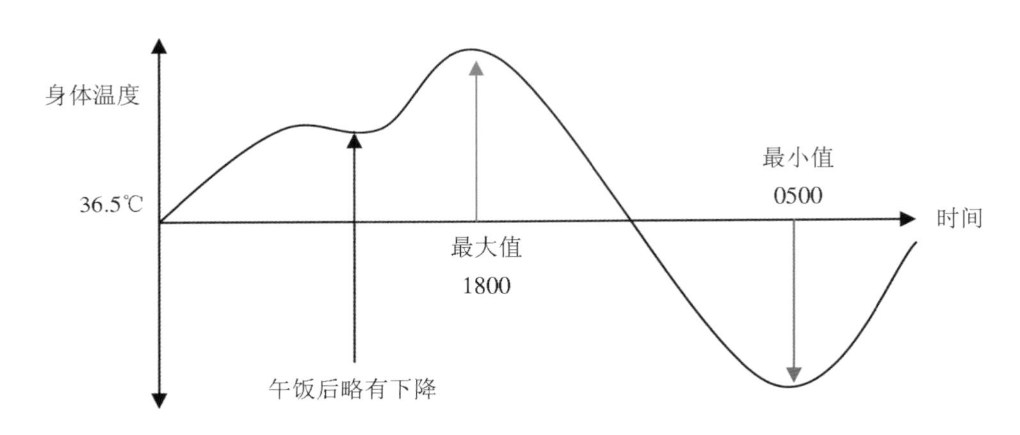

图12-1　人体体温昼夜节律

人体内的生物钟（如图12-2所示）控制着这一睡眠/觉醒节律。美国进行过一项睡眠剥夺实验，将被试置于一间没有光线明暗变换等线索的房间里，要求其每天上午9点钟起床。3天后，研究人员拿走了时钟，最初被试能够在上午9点起床，但在随后的几天里，这些被试醒来的时间每天推迟1 h，如在第四天，他们在10点钟醒来，第五天11点钟醒，等等。

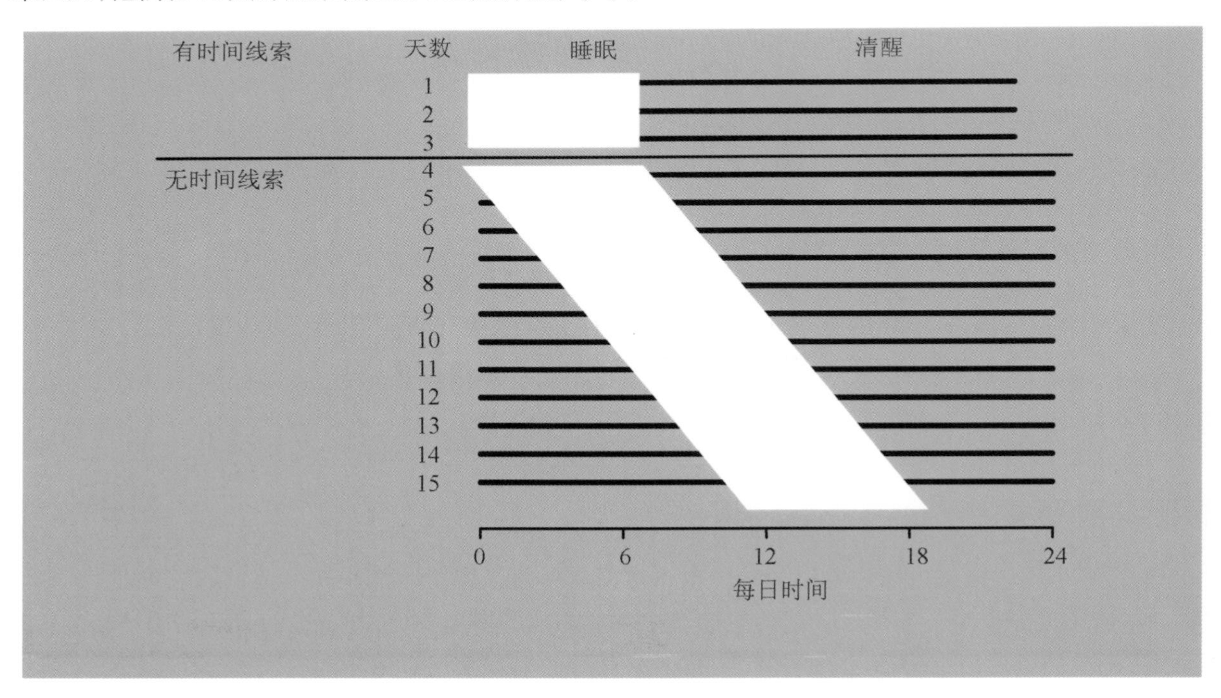

图12-2　人体自然生物钟

在无外界线索、自由运转的情况下，多数人的昼夜生物节律表现为25 h一周期。工作生活中的一些外在线索，使得人体的节律限制在每天24 h。人们对白天和黑夜的反应，与对其他时间线索，如**环境钟**（Zeitgebers，德语，意为时间给予者）的反应是一样的。

体温周期与昼夜生物节律问题，对飞行员都有一定的影响。

睡眠储存/不足

运用一个简单的计算公式，即如果每1 h的睡眠为+2，每1 h的觉醒为-1，则我们能看出人体是多么容易欠睡眠债。虽然这样的计算并不是非常科学，而且并未考虑到个体睡眠的类型和一个人是否进行长航线飞行等问题，但仍然能够说明问题。

如图12-3所示，假定一个人正常获取了8 h的睡眠。醒来时，他有了+16点。如果这个人保持了16 h的觉醒，他就失去了16点，以0点结束了这一天。在随后的几天里，发生同样的事，获得点数从来没有低于0这条线，则意味着这个人有一个正常的睡眠储备，并未欠睡眠债。

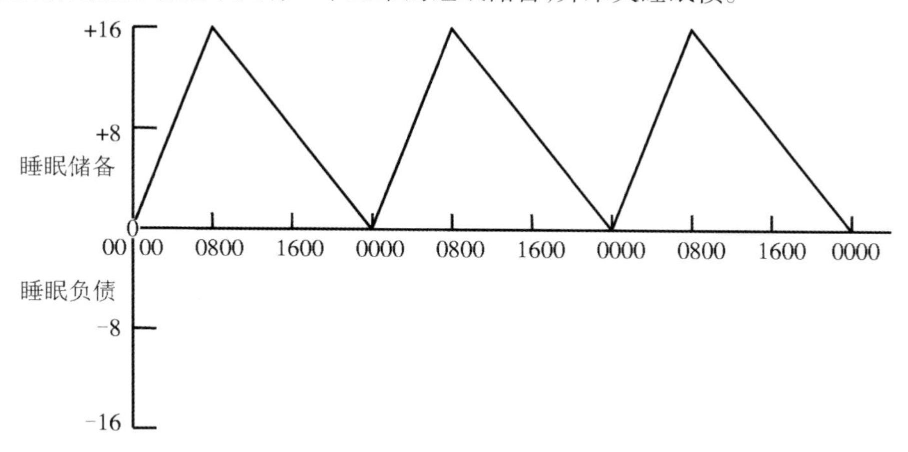

图12-3　睡眠储备示意图

现在假定一个夜班工作期打破了循环。

设想一个正常的夜间睡眠：

- 个体以+16睡眠点醒来（A）；
- 假设他保持了8 h的觉醒（B），在报到上班之前，他从16点到18点短睡了2 h（C）；
- 从晚上8点开始工作一直到早上6点；
- 他在早上6点钟回家，但由于体温上升，他无法入睡；
- 最后他从中午12点（D）睡到下午6点（E），6点钟又开始准备工作；
- 这一周期自身进行重复，人会越来越睡眠不足。这种情况叫作累积性的睡眠负债，如图12-4所示。

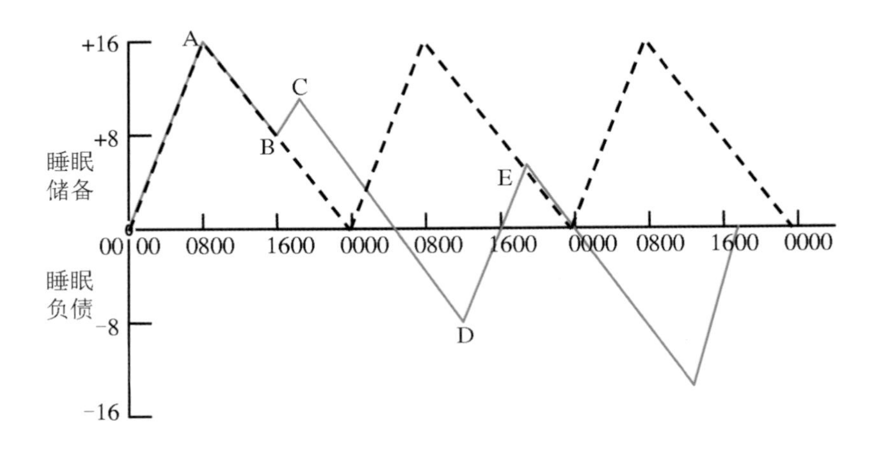

图 12-4　积累性的睡眠负债示意图

到第三班开始时，个体开始工作前的睡眠储备为0。大多数飞行员会通过喝咖啡来提神，但这只是一种短期的应对措施。

睡眠缺失有累积性。睡眠节律扰乱和睡眠缺失现象在飞行员群体中普遍存在。

睡眠

睡眠的准确功能人们还没有完全了解。实验表明，睡眠能够恢复生理与心理机能。在过去的六十年里，人们对睡眠进行了广泛的研究和调查，对睡眠的本质有了大量认识。

在过去的睡眠实验中，研究者记录了三个主要的测试指标：

脑电波活动　　EEG (electroencephalogram)**脑电图**

眼动　　EOG (electroculogram) **眼电图**

肌紧张　　EMG (electromyogram) **肌电图**

这三种测试指标的记录表明，身体最初经历四个叫作**安静睡眠**的睡眠阶段。在这四个阶段，大脑活动水平逐渐降低，身体进入更深的睡眠。阶段一被认为是从觉醒到睡眠状态的过渡阶段；阶段二是更深的睡眠，有大约一半的睡眠属于阶段二睡眠。安静睡眠中的阶段三与阶段四，叫作**慢波睡眠或传统睡眠**，大脑活动很少甚至是没有大脑活动的记录。

紧接着安静睡眠的是另一种叫作REM(**快速眼动**)的睡眠阶段，也被叫作**异相睡眠**。在这一睡眠阶段：

- EEG记录的是类似于个体清醒状态时的脑电波；
- EOG记录的是好像在寻找什么东西的快速眼动(此阶段睡眠被称为REM睡眠)；
- EMG记录的是肌肉完全放松状态；大脑是清醒的但身体处于睡眠状态——因此术语叫作异相睡眠。

人们认为，安静睡眠主要进行的是生理的恢复，REM睡眠使白天所学习的东西得以储存，也能检验和创造新的神经通路。日常生活经验支持该理论，较之平常，儿童(以及处于学习状态的成人)表现出更高的REM睡眠百分比。

一个完整的睡眠周期大致需要90 min，连续的睡眠周期表现为REM睡眠的逐渐增多，如图12-5所示。一般说来，在一个正常的8 h睡眠周期里，最初的4 h主要是慢波睡眠(生理的恢复)，随后的4 h

主要是REM睡眠(心理恢复)。如果最初的4 h(慢波)或者是随后的4 h(REM)睡眠被中断,它们在第二天晚上就会得到弥补。

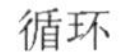

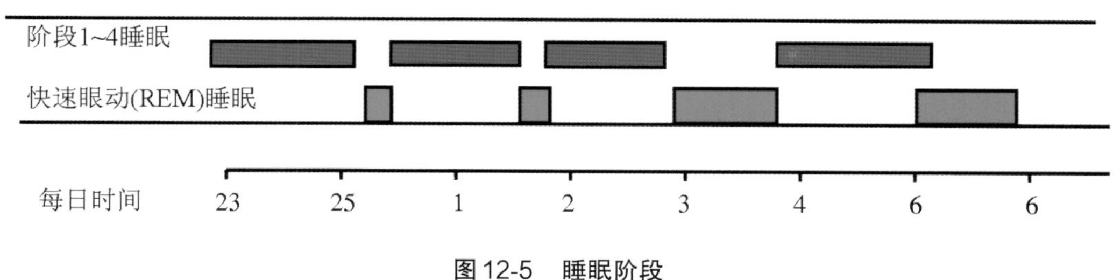

图 12-5　睡眠阶段

做梦主要发生于REM睡眠,但是梦游和梦魇却发生于慢波睡眠。因此,人们记得住梦的内容,但记不住梦游。

酒精对安静睡眠和REM睡眠都有影响。

- 中等数量的酒精影响REM睡眠;
- 大量的酒精对两者都有影响,都有类似昏睡的效果。

睡眠紊乱

睡眠紊乱通常包括:

- 短暂昏睡;
- 失眠;
- 梦游与说梦话;
- 睡眠呼吸暂停;
- 嗜睡发作。

睡眠缺失与短暂昏睡

任何睡眠缺失,都会导致睡眠负债出现。整夜的间歇性睡眠也会有同样的效果。对睡眠缺失唯一的应对措施就是睡觉。

睡眠负债和疲劳可能导致短暂昏睡。短暂昏睡无法控制,这一自发产生的睡眠现象可以持续几秒到几分钟的时间。在短暂昏睡时期,人会变得与现实生活相分离,对外部世界没有什么反应。

失眠

失眠分为两种类型:

临床性失眠　即使是在最适合睡觉的情景中也不能够入睡,这样的人就处于临床性失眠。症状包括入睡困难、难以保持睡眠状态、清醒时没有精神、白天疲劳、易怒、注意力不集中等。

情景性失眠　由于工作与休息缺乏规律导致无法入睡,机组人员得忍受情景性失眠。时差是情景性失眠最普遍的原因。

梦游与说梦话　在儿童时期,梦游与说梦话是比较普遍的,但在成年人中却少有出现。它们都不对健康构成危险,但是如果次数太多,就需要进行检查。

睡眠呼吸暂停 睡眠呼吸暂停，会影响那些打鼾严重者，尤其是超重者。睡觉时打鼾影响喉咙后段，会短暂切断来自肺部的空气，个体会中止呼吸。在极端情况下，人会窒息导致死亡。应对的方法是可以在晚上戴面罩，使空气经由一个压缩机形成正压，使得在任何时候空气都能够被压入喉咙。

嗜睡发作 嗜睡发作是不能够保持觉醒的。这种人无论是否疲倦，在任何时候都有入睡的倾向。

睡眠卫生

不同的人对于睡眠时长的要求是不一样的。年长者所需要的睡眠时间较少，处于学习情景中的人需要有规律的睡眠。在学习的时候，熬夜学习或者担忧学习的压力会影响睡眠。这里有一些提示，它们有助于保持良好的睡眠卫生：

- 在睡觉之前不要进行剧烈的运动，包括**生理**或**心理**活动；
- 在准备入睡前，避免高强度的学习活动，如果进行了类似的学习活动，在上床前至少休息30 min；
- 保持房间通风与适当的温度(不要太热也不要太冷)；
- 不要饮用过多的酒精，酒精会引起类似昏迷的睡眠，身体精力难以得到恢复；
- 在睡觉前饮用热牛奶**(不是咖啡或茶)**；
- 阅读时灯光亮一些，或者是听音乐，均有助于大脑和身体的放松。

打盹

大多数人在觉醒状态时都会有疲倦感。打盹是振作精神，使精力得以恢复的一种快速有效的方法。实验表明，短暂地打个盹，也能与长时间睡眠一样恢复元气。

服用药物

有些飞行员采用药物来帮助入睡或保持清醒。咖啡因是保持清醒最常用的药物，在想睡的时候，有的人常用一杯浓咖啡来对抗睡意。有文献指出了咖啡的有害性，指出它也可能成瘾。

要放松和睡眠，最常用的药物是酒精。实际上，酒精对中枢神经系统有抑制作用，这会影响睡眠，尤其是REM睡眠。少量的酒精有助于宁静，舒缓压力，帮助放松。但如同其他的药物一样，一旦药物成瘾都会带来问题。

安眠药

通常用于治疗感冒和流感的药物，都会对神经系统产生镇静作用，使人昏昏欲睡。一些药物会在神经系统中滞留数小时，会影响第二天的工作生活。药物的半衰期是飞行员必须考虑的重要因素，药品的半衰期是药物从浓度最高值衰减到一半浓度的时间。在服用药物之前应经常咨询航医，以确保所服用药物的安全性。安眠药有比较长的半衰期，一旦服用后，在醒来的几小时以内，人们仍旧会受其影响。一些新的安眠药会在市场上出现，在服用其中某种药物之前，都应该向航医咨询。与大众的看法相反，安眠药只是适用于解决短期睡眠问题，不能长期使用以辅助睡眠。

褪黑激素

现在有些国家将褪黑激素作为一种镇静剂使用，认为它是一种天然的荷尔蒙，可以辅助倒班工作人员和老年人的睡眠。现在这种药物在市场上有售，人们把它作为应对时差效应的辅助药物。但是有些国家却认定它为非法药物，当然也就不允许飞行员服用。在此类药品的质量控制、用量和供应的监控方面，也存在着一些问题，其生物学上的作用和长期服用的影响，现在尚未研究得十分清楚。

昼夜节律失调——时差效应

不正常的轮换班可能导致睡眠不足的累积。长航线飞行员还有着额外的适应新时区的问题，新时区的环境钟会使机体发生混乱（如对于跨越时区后新的白天/黑夜，新的用餐信号等）。对于长航线飞行员而言，向西跨时区飞行比向东跨时区飞行要好适应一些，向西飞行使得白天变得更长，从昼夜生物节律的角度来说，白天变长比缩短要更好适应。记住，自然的人体节律约为25 h。

人体的昼夜生物节律重建有不同的速率，与时差相对应，每天的调整范围在1~1.5 h。由于这种再同步的速度比较缓慢，飞行员可能会发现，在他们的节律失调得以再同步之前，又要开始下一段的跨时区飞行。可能有些长航线飞行员在整个飞行职业生涯中都要经受生物节律失调的影响，只有较长时间停止工作或者是生病，才能完全调整过来。

有两种应对时差的方法：

方法1 在落地后保持2 h的清醒，然后睡4 h，最后在上班前再睡8 h。

方法2 如果滞留时间少于24 h，保持原时区的作息规律。

昼夜节律障碍的影响是众所周知的，包括一般性的健康不良，工作表现低于常规，以及胃部不适等。

工作负荷管理

工作负荷的含义

工作负荷是指个体或群体在单位时间内所承担的工作量大小，这里的工作量由工作的数量及其价值所决定。

驾驶舱工作负荷可以用一个经验公式说明：

驾驶舱工作负荷＝(任务数×任务价值)/可用时间

其中，任务的价值是指任务的难易度以及它们的相对重要性；可用时间是指在一定情景中机组完成特定的任务或者多个任务可以利用的时间。

工作负荷与工作表现

工作负荷影响工作表现。在正常的工作负荷范围内，个体的觉醒或应激水平处于适宜的状态，主要表现为思维清晰、反应敏捷以及情绪稳定，工作效率和准确性高并且机组氛围良好。低工作负荷状态下，个体觉醒或应激水平较低，可能表现为活动减慢、交流减少、瞌睡或者打盹、出现一些疏忽性差错。在较高或过高的工作负荷状态下，飞行员可能会感到工作吃力、产生差错以及动作量过大，也可能出现注意力固着、易发怒，甚至是感到精疲力竭，出现零智商状态。

工作负荷的管理

正确使用良好的计划，合理分配工作任务、机组简令等均有助于对工作负荷的管理，有助于帮助机组将工作负荷保持在相对合理的水平，以获取较高的工作绩效。

压力与疲劳管理

应对策略与管理技巧

一些方法有助于预防和缓解压力与疲劳，如规定适当的工作负荷，合理安排休息时间，加强生活规律性，选择合理的休息方式，采用心理放松方法和松弛技术，掌握并使用促进睡眠和克服时差效应的方法，等等。

健康和体适能

体适能是指人体所具备的有充足的精力从事日常工作（学习）而不感到疲劳，同时有余力享受康乐休闲活动的乐趣，能够适应突发状况的能力。体适能由健康体适能和运动体适能组成，健康体适能是与健康有密切关系的体适能，主要是指心血管、肺和肌肉发挥最理想效率的能力。

放松的技巧

放松是指使有机体从紧张状态松弛下来。通过肌肉放松，可以使整个机体活动水平降低，达到心理上的松弛，从而使有机体保持内环境的平衡与稳定。放松的方法通常有呼吸放松法、肌肉放松法、想象放松法三种。

第十三章 神经系统

导言

神经系统是一个信息传输系统，它使机体自身与外部变化着的环境相适应。神经系统包括：

- ➢脊髓与脊神经；
- ➢大脑与脑神经；
- ➢自主神经系统；
- ➢感受器官：
  - ✧ 眼睛；
  - ✧ 耳朵；
  - ✧ 口腔中的味觉器官；
  - ✧ 鼻子里对嗅觉敏感的上皮细胞；
  - ✧ 对触觉敏感的皮肤与关节感受细胞。

中枢神经系统

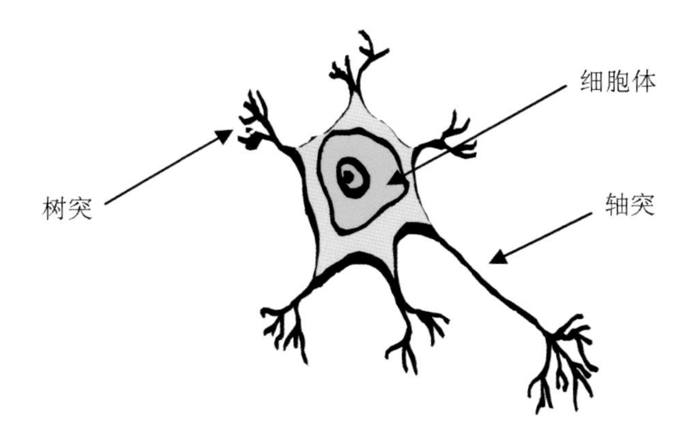

图 13-1 神经元

神经元是神经系统的基本单位。神经元由以下部分组成，如图 13-1 所示：

- ➢细胞体；
- ➢树突，将神经信息传递至细胞体；
- ➢轴突，一种将远处的神经信号从细胞体传递至中枢神经系统的神经纤维。

中枢神经系统由大脑与脊髓组成，轴突与树突彼此相连构成神经元，如图13-2所示。

脑

人类的大脑比计算机复杂得多，它是人体的主要控制器官，负责感知、学习、记忆等，由大量的神经组织所组成。

脑部的各特定区域监控着人体的不同部分。**大脑**是脑部最大的区域，是信息加工发生的场所。**小脑**是脑部用于帮助人体站立时保持平衡的组织。在大脑和小脑下面的是脑干，它将脑部与脊髓连接起来。

脊髓

脊髓近乎圆柱形，沿着脊柱的中央向下。

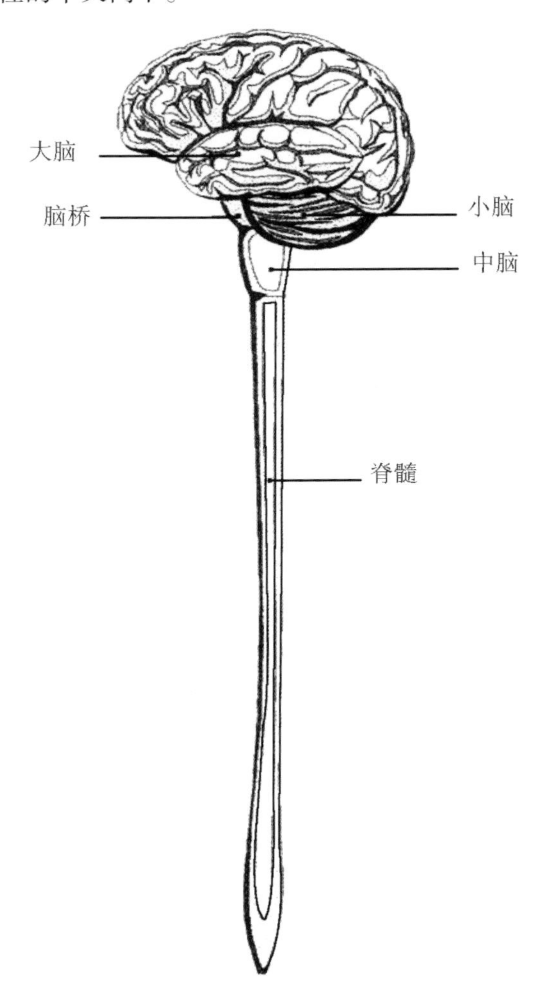

图13-2　中枢神经系统

脊髓包含数十亿的神经纤维，这些纤维将信号传入或传出大脑。从脊髓扩展出的是脊神经，每两节脊椎骨延伸出一对脊神经。这些神经将身体头部之下的所有区域与中枢神经系统连接在一起。

与脑神经彼此相连一样，这些神经中的一部分彼此相连，这些连接形成环路，允许一部分反应不必依赖大脑而直接做出。正如大家所知晓的条件反射一样，这些环路允许在某些特殊情况下产生快速简单的反应（如把手放在电热盘上，手会快速自动地拿开，这种反应在大脑有时间进行思考之前就已经完成）。

外周神经系统

外周神经源于脊髓，并到达身体的各个部分。像电话线一样，它们能够输入与输出信号。这些神经可以分为三类：

- 感觉神经；
- 运动神经；
- 自主运动神经。

感觉神经

感觉神经纤维将感受器获取的信息发送到大脑，觉察来自触摸、压力、疼痛、温度和位置的刺激。

感觉阈限、敏感度和适应

感觉阈限是用于测量感觉系统感受性大小的指标，用刚能引起感觉的刺激量来表示，可分为绝对感觉阈限和差别感觉阈限两类。

敏感度是指人体感觉器官感知内外刺激的能力。

同一刺激持续作用于某种感受器时，经一段时间后，传入冲动的频率将逐渐降低，刺激引起的主观感觉也将随之减弱，这种现象称为适应。适应现象出现的快慢因感受器而异。

运动神经

运动神经执行由大脑向肌肉发出的指令。运动系统控制着人体的运动机能，运动神经附着在人体的肌肉上，来自大脑的信号刺激肌肉收缩或舒张，或者把骨骼置于所要求的位置。更多、更精细的控制需要更多的运动神经（如手指运动的误差控制）。大多数运动神经不是自主运动神经，这就意味着人必须进行思考，发出指令，肌肉才会运动。

自主运动神经

自主神经系统对身体器官的支配不受意识控制（如肠道肌肉收缩把食物向前推进）。自主神经系统包括交感神经系统与副交感神经系统。这两种系统有效工作，彼此相互制约，发送相反信号到组织器官。如果心跳太慢，交感神经系统会发出信号增加心率；当心跳太快时，副交感神经系统会发出信号减慢心率。

反射和生物控制系统

神经系统活动的基本方式通过反射来实现。

反射是指有机体在中枢神经系统的参与之下，对内外刺激做出一定的规律性反应。

实现反射的神经结构叫反射弧，反射弧一般由感受器、传入神经、神经系统中枢相应部位、传出神经和效应器五个基本部位组成。

按照产生的不同条件，反射可分为无条件反射与条件反射。

第十四章
应　激

导言

每一个人都会受到应激的影响，个体是否做出反应取决于对特定应激的感知。如果应激水平过高，个体的推理与活动能力都会降低；应激不足，又会导致厌倦和满足。恰当水平的应激可以得到适宜的工作表现水平。

应激

可以将应激定义为：

额外的令人厌烦的环境因素所引起的个体生理反应。

应激一词来自于工程学上的术语，原意是指施加于物体上的力，将会引起该物体的结构变化，如果应激水平过大最终会导致该物体断裂。后引申为施加于人体之上的紧张和压力。

所有人都经历过应激。无论应激的影响是好是坏，自己生命的历程都会经历一些应激，接受这一点是非常重要的。飞行员必须意识到自身承受的应激，以及如何应对应激所带来的问题。这有助于人们认识到过度应激，如疲劳、个人问题、高工作负荷等对工作所产生的负面影响。

记住，飞行员最大的敌人是自己。对于大多数飞行员而言，来自同伴多年来的压力会逐渐灌输一种担忧，担心承认工作负荷过大是种软弱的表现。

从应激源的性质上来看，应激可以分为三类。这些应激可以是单一的，也可以是累积性的。简单地讲，每一种都是不一样的。

物理性应激　　包括我们生活的环境、噪声、振动与缺氧等。

生理性应激　　包括疲劳、身体健康状况与不良的饮食习惯等。

情绪性应激　　包括家庭、社会和与生活相关的情绪性因素，与工作相关的活动，如领导或决策就属于这一类型。

应激可以是**慢性**的（如个体生活风格、工作、健康或家庭安全等方面的长期要求），也可以是**急性**的（如由于日常问题所引起的短期应激）。

应激的影响

人体对急性应激会立刻进行反应，肾上腺素会进入血液，控制身体，产生如下反应：

- 心率加快；
- 血压升高；
- 呼吸频率增加；
- 血糖水平升高。

这种情况叫作“抵抗或逃跑”综合征,使人对特定的情景快速做出反应。

慢性应激有所不同,人体必须长期承受应激反应。慢性应激可能来自于那些我们难于应对的困难情景。慢性应激会放大急性应激的影响,长期威胁人体的健康。

过高的应激水平可能出现焦虑体验。焦虑的程度和持续的时间有很大的个体差异。它既可以是一种正常的具有适应意义的情绪状态,又可以发展到一定的严重程度而成为异常的神经性焦虑症。

飞行员若长期处于焦虑之中,可能表现出人格的变化,给飞行表现带来不利影响。

应激的累积性

一定时期内的长期应激,可能会影响人体应对应激情景的能力。对飞行员而言,这可能导致飞行差错、沟通困难、领导与指挥等方面的问题。

图14-1所示的简单模型有助于描述应激的影响。

图14-1 简单的应激模型

应激源(Stressor)是引发应激的情景或事件。

应激反应(Stress Reaction)是人体生理的、心理的,或者情绪的反应。

应激源与应激反应并不是直接对应的,有些事情对某一个人来说可能是微不足道的,但对于另外一个人来说,却可能是一场生活危机。

借用吉卜林(Kipling)的诗:

“如果你身边的人都觉得有问题,而你却觉得没问题,那说明你还没有搞懂问题!”

任何应激反应都直接与个体对应激的评价以及个体的感知能力有关。单纯从心理上来说,一件事情是好还是不好,取决于我们对它的感知如何。或者说,从心理层面上来讲,一个应激是好还是坏,仅仅取决于我们如何看待它。

我们用图14-1所用的简单模型进行扩展,具体如下:

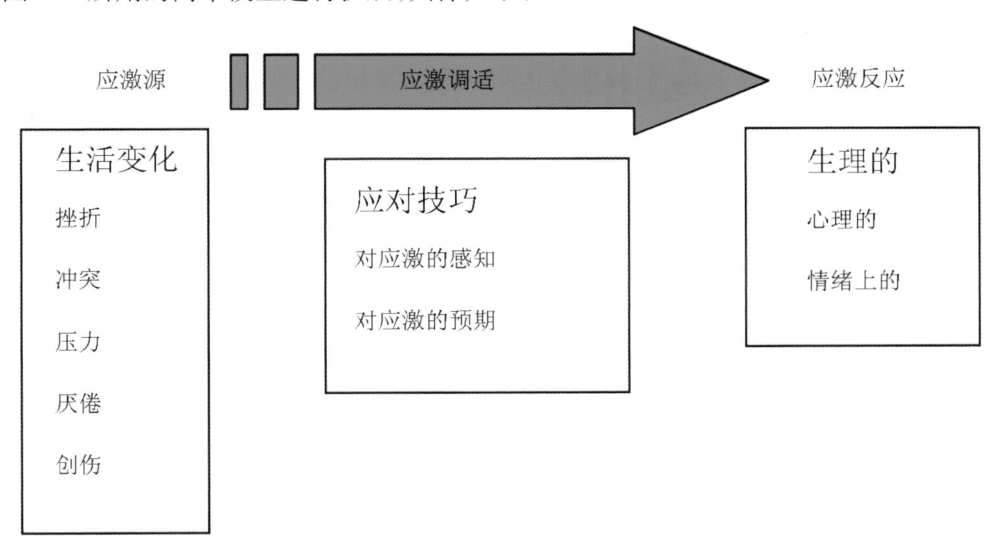

图14-2 应激的扩展模型

图14-2中列出了生活中的一些主要应激源。通过中间的感知过程之后，人体会做出相应的应激反应。

自我调适能够减轻应激的影响。当你在驾驶飞机的同时，也能够很好地应对刺激/反应，并将两种行为都训练为下意识的反应，以降低应激所引发的担忧。

自我调适也可能不起作用。在以下的事例中，假定一位飞行员将在伦敦希斯罗机场进近，天气不太好，云底贴近地面，极限侧风。飞行员对进近的应对将有两种结果，或者完成一个好的进近，或者搞得一团糟。

上个星期，这位飞行员在条件几乎完全一样的情况下飞到伦敦希斯罗机场。

如果上一次的进近是成功的，应激的调适将起作用，这位飞行员将不会为进近感到担心，极有可能再次完成一个好的进近。

如果上次进近失败了，大脑将使这位飞行员想起上次的失败经历，抱有对于失败的预期。在这种情况下，调适变得糟糕，该飞行员极有可能又失败。

心理性应激源

在简单的应激模式中，相关的应激源如下所示：

挫折　有障碍阻挡了我们前进的道路，如某些道面的问题阻止了飞机起飞。这时就会出现挫折。

压力　压力或者来自内部，或者来自外部，会让人感到有太多的事情要做，而做这些事情的时间又太少（就像是仓促应考的最后1 min所经受的感觉）。

厌倦　厌倦对工作的影响较大，因为一个感到厌倦的人不会再以最佳的表现来工作，在紧急情况下，他的工作表现会变差。

外伤　外伤是一种生理或情绪的体验，这种体验给身体以冲击。

冲突　不论是家庭的还是与工作相关联的冲突，都会使“受害者”的生活变得糟糕。

变化　表14-1[①]是一张生活变化影响表，对于北欧的成年人而言，所列出的事件彼此相关联，如果你在12个月内生活变化分值累计超过120，或者在1年半的时间里超过200，那么你就可能会经受一些较小的生活危机。

对于飞行员而言，除了表14-1中所列举的家庭变化之外，还有一些应激源于与工作相关联的特定事件，包括但不限于：

➢服用药物；

➢训练或航线检查；

➢时间压力与乘客晚到；

➢其他机组成员带来的压力；

➢公司带来的压力；

➢疲劳等。

①本表来自于西方研究，存在文化差异，不一定适用于所有人群，编者按。

表 14-1 生活情况变化分值

压力			
事件	生活事件压力分值	事件	生活事件压力分值
配偶死亡	100	涉讼	29
离婚	73	个人有杰出成就	28
分居	65	妻子新就业或刚离职	26
牢狱之灾	63	初入学或毕业	26
家庭亲人亡故	63	改变生活条件	25
个人患病或受伤	53	个人改变习惯	25
新婚	50	与上司不和睦	23
失业	47	改变上班时间或环境	20
分居夫妻恢复同居	45	搬家	20
退休	45	转学	20
家族中有人生病	44	改变休闲方式	19
怀孕	40	改变宗教活动	19
性关系适应困难	39	改变社会活动	18
家族添丁进口	39	借债少于万元(美元)	17
事业重新整顿	39	改变睡眠习惯	16
财务状况改变	38	家族成员团聚	15
夫妻争吵加剧	35	改变饮食习惯	15
借债超过万元(美元)	32	度假	13
负债未还或抵押被没收	30	过圣诞节	12
改变工作职位	29	轻微涉讼事件	11
子女成年离家	29		

动机与工作表现

应激会影响我们的动机与工作表现。人们要求有适度的应激以使身体处于适度的觉醒状态,如图 14-3 所示。

- 较低的觉醒水平通常是个体刚刚醒来,或者是过度疲劳后的一种状态。此时,中枢神经系统功能低下,信息加工缓慢并且不准确,对刺激进行反应的动机水平低,身体表现缺乏注意力。想象一下清晨人们对闹钟的反应,他们会立刻起来去按压关闭铃声的按键吗?
- 随着白天工作时间的延续,唤醒水平逐渐提高,人的工作表现也逐步提高。在最佳条件下,中枢神经系统功能正常。要完成复杂的任务,机体需要处于最佳唤醒水平。在这种状态下,任务能够刺激并引起大脑的注意,但是任务也不能够太复杂,太复杂会使个体进入负荷过高的情景之中。
- 一旦个体到达自己的能力极限,工作表现会迅速变差。

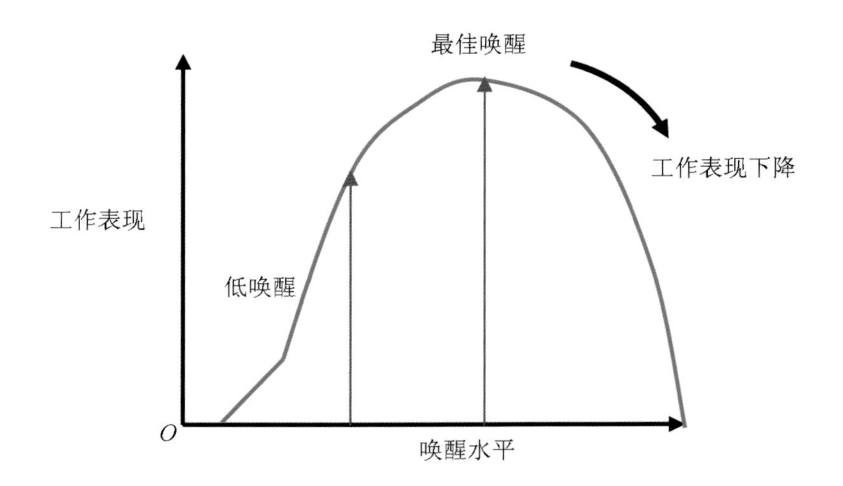

图 14-3　觉醒水平与工作表现的关系

生理与心理的应激反应

应激反应是对应激源的生理、心理或情绪的反应。这些反应彼此间并非完全独立，是相互关联的。为了简明起见，我们分别进行讨论。

生理应激反应

想一下一个人遭受突然性打击后可能会出现些什么反应？脉搏和呼吸加速，可能会出汗和发抖。**"抵抗或逃跑"**综合征是一种面对危险的本能性反应，会导致某些激素（如肾上腺素与去甲肾上腺素）释放到血液中。释放这些激素的要求源于**交感神经系统**。随着危险过去，**副交感神经系统**使身体平静下来。

一般性适应综合征（The General Adaptation Syndrome，GAS）更好地说明了应激的长期影响。

一般性适应综合征

应激反应会出现三个阶段，如图 14-4 所示。

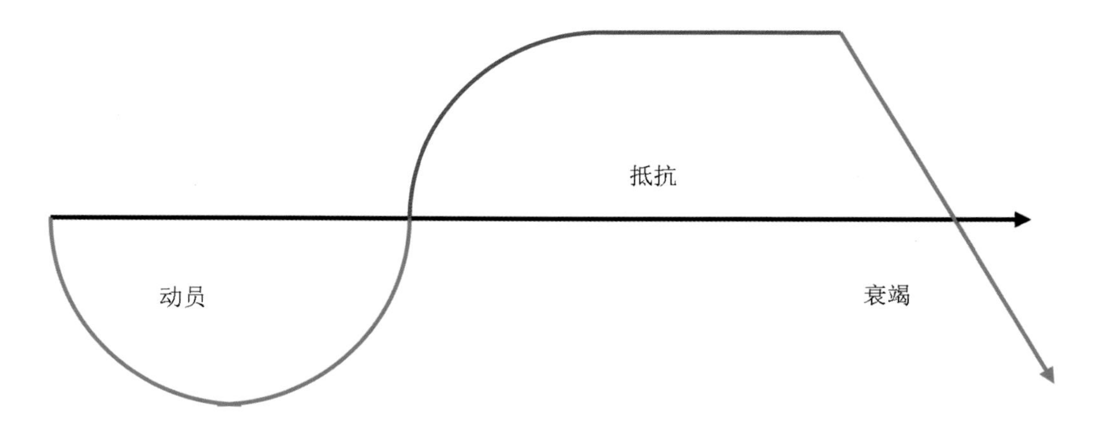

图 14-4　应激反应的三个阶段

动员阶段 机体采取防御性措施，开始对抗应激。大脑依赖先前的经验，产生适应性反应，身体分泌应激激素，即肾上腺素及去甲肾上腺素，动员机体各方面能力，通过提高肌肉活力以保护自身（如瞳孔放大、心率上升、支气管扩张、呼吸深度加大和呼吸频率加快、血压升高、消化系统活动减少，以及抑制膀胱收缩等）。

抵抗阶段 一旦调适起作用，机体就会准备进入抵抗阶段。这个阶段时间有限，机体只能应对一定的时间。此阶段机体会分泌皮质醇，促进脂肪转化成糖，以保持肌肉的能量供应。

衰竭阶段 如果调适没有取得成功，抵抗最终会失败，进入衰竭阶段。持久的衰竭可能会是致命的，更普遍的衰竭反应是出现一些病症，如高血压、器官衰竭、心跳停止、溃疡，或者肾功能衰竭等。

心理应激反应

应激与个体的感受和对情景反应的方式有关。这些感受可以分为三种简单的类型：

情绪反应 对应激的一般情绪性反应包括愤怒、焦虑、担心、沮丧等。在极端情况下，情绪性反应可能会变得无法控制，引发焦虑性攻击等问题。过高的应激水平可能出现焦虑体验。焦虑的程度和持续的时间有很大的个体差异。它既可以是一种正常的具有适应意义的情绪状态，又可以发展到一定的严重程度而成为异常的神经性焦虑症。飞行员若长期处于焦虑之中，可能表现出人格的变化，给飞行表现带来不利影响。

认知反应 应激会影响个体对正在进行的工作的注意力。大脑可以运用一定的防御机制进行清晰的、有逻辑的思考，应对这些应激源。其他的认知性反应可能包括**退化**，即大脑以前所学习使用的一些反应可能会取代正确的反应；也可能是**固着**，在这种情况下不大可能对情景进行回顾，不会考虑其他的反应（如同心理阻碍一样）。

行为反应 行为反应是承受应激时，个体行为上的改变。烦恼时的烦躁和发抖就是个例子。在飞行员中，饮酒是对应激最普遍的反应。

家庭应激

每个人在生命的某些阶段都得承受家庭所带来的应激。使用前述的表14-1，能够确定出生活是如何影响你的。无论你是谁，家庭应激都会对你的工作表现产生影响。

应激的临床影响

人体以不同方式的反应应对应激，此过程中出现的生理与心理的反应如下：

生理的影响包括“抵抗或逃跑”综合征，此时，自主中枢神经系统的交感神经分支在起作用；

健康状况的影响包括心率上升、释放肾上腺素、可能引发高血压等疾病；

行为的影响包括药物或酒精滥用等问题；

认知的影响包括不够专注、缺乏对细节的注意等，导致不能清晰地、有逻辑地处理一些问题；

情绪的影响包括以多种方式释放紧张，如攻击或者喜怒无常等。

应对技能

要应对应激，首先个体必须认识到应激反应对自己会造成何种影响，接着是选择最适合自身的应对策略。有时候个体下意识的反应就能够解决应激，如果始终处于高应激水平，就需要有意识地进行自我调适。要应对应激，人们必须认识到自己正处于应激状态之中，并主动采取一些应对措施。

建议的应对策略如下：

行动是通过直接行动来减少应激。具体应对措施通常包括以下部分：

评估：寻找应激源，确认其对自身的影响；

设置目标：确认必须着手处理的应激源和应激反应；

计划：制订如何应对应激的行动计划；

行动：执行计划；

评价：检查行动是否能够起作用，如果不起作用，改变计划或者再试一次。

认知应对是改变个体思考问题的方式。这些方式包括：

转移注意力：将注意力集中于其他任务，减少应激源的压力；

重新定义情景：尽量使应激更能够被接受；

直接行动：慎重做出决定以使用行动计划；

宣泄：发泄情绪，以释放应激所带来的压力；

容忍：决定接受现实，什么也不做。

症状缓解方法是使用外部的应对技能，包括：

锻炼身体：较之身体状况欠佳的人，身体健康的人能够更好地应对应激；

放松技术：可以使用一些方法，如调适或催眠去应对生活中的创伤。

其他的应对策略还包括：

宗教信仰：教会的帮助或者与一位精神上的导师交谈，都是应对应激很好的方法；

咨询：向专业人士进行咨询，或者和朋友交流都能帮助个体应对应激源。

应激的管理

应激的管理是个体的一种应对应激的方式。要进行应激管理，人们首先必须接受，应激正在引发一些困扰。

个体应该考虑：

- 我的情绪性心理活动是在减轻还是在提高我的应激水平？
- 真实情况是怎样的？
- 在我身上有可能发生的最糟糕的事情是什么？
- 对这一问题我会有过度反应吗？
- 我能够改变该情况，使结果变得好一点吗？
- 如果不能，应对此事的最好方法是什么？
- 这事以前在我身上发生过吗？
- 如果发生过，我是怎么做的？我怎样能够做得更好？

实际上,个体很容易识别出自己与他人的应激征兆,包括:

- ➢说话匆忙;
- ➢插话;
- ➢匆匆忙忙吃饭;
- ➢讨厌排队等候;
- ➢好像从来都跟不上生活节奏;
- ➢安排的活动比拥有的时间多得多;
- ➢厌恶浪费时间;
- ➢多数时候开车都很快;
- ➢常常设法同时做几件事;
- ➢如果其他人太慢的话会变得不耐烦;
- ➢很少有时间放松,有亲密的行为或者是享受外界环境。

如果不能够很好地管理应激的话,应激就会反过来控制你。生活事件本身不会创造应激,个体如何看待生活事件才是应激的来源。在着手处理应激之前个体必须明确其来源,从而减少或消除应激源。

制订计划并且坚持计划,其目的是控制或减轻应激的影响。计划应该现实而实用,这可能要求个体灵活可通融,愿意去适应生活的变化。另外,休息是必需的,疲惫的大脑和身体很快就会精疲力竭,幽默与毅力对你会有一定的帮助。

第十五章 人类信息加工

导言

我们一天之内会做出很多或大或小的决策，开飞机也是一样。在飞行中，飞行员需要经常用到他的航空决策能力。一位美国的外交官曾经说过：

不出错的唯一方法是什么也不做。

——爱德华·菲尔普斯

不幸的是，当飞机燃油耗尽的时候，飞行员不可能遵守这样的行为准则，什么也不做。加工信息并做出决策是一个复杂的过程，大脑通过不同的神经通路接收信息、做出决策并执行，这个过程是相当复杂的。下面是一个简单的人类信息加工的模型。

感官

人类的接收器均有各自对应要接收的物理刺激，并产生相应的感觉，如图15-1所示。

刺激	接收器
视觉	眼睛
声音	耳朵
味觉	舌头
触觉	本体感觉接收系统
嗅觉	鼻子

接收器所接收的物理刺激无法直接被大脑所理解，它们必须被转换成电脉冲信号。

当然，物理刺激的强度必须足够大，足以让接收器官辨别出它。这种所需刺激的最小强度就是传感器的**阈值**。

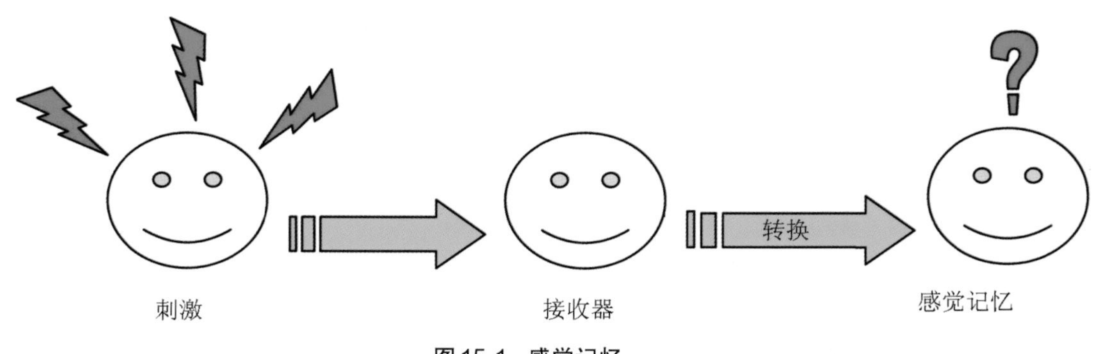

图15-1 感觉记忆

感觉记忆

首先，外界信息存储在短期感觉记忆中。信息在其中存储的时间是有限的，其时间取决于个体对该信息的关注程度。信息主要被两类存储器所存储，分别是**图像存储器**（一种视觉传感器，存储时间可达0.5~1 s）和**声音存储器**（一种听觉传感器，存储时间可达2~8 s）。

一旦大脑有足够的处理容量，这些信息就会从感觉记忆进入知觉。

人类的注意力存在于信息加工的每个过程中，但给予每个信息的注意力是有限的，下文会介绍这一点。

知觉

知觉是人对进入大脑的感觉信息进行组织和解释的心理过程，这个过程是在期望、先前的经历和文化的基础上，对感觉信息进行综合并赋予其意义。因此，人类的知觉过程带有强烈主观性。

存储在短期感觉记忆中的信息被大脑提取并加以解释，这一过程就称为知觉，如图15-2所示。在这个阶段，我们开始建立起一个个的心智模型。

这种心智模型类似于存储在大脑中的三维图片，能够告诉我们现在在哪里、要到哪里去以及将会怎样。

我们所建立的心智模型能够使我们概念化地理解外在事物是什么，其工作或运行方式是什么样的，以及它对我们生活的影响如何。

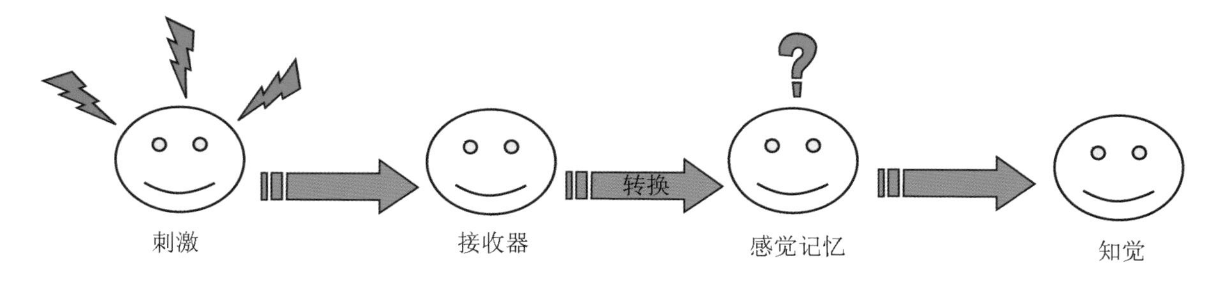

图15-2　知觉

知觉是基于我们对信息的解释以及我们自身的期望而产生的，它受以下几方面的共同作用：

- 知觉对象的特点；
- 知觉者本身；
- 知觉情境。

人们一旦对某事物的知觉形成，就很难改变，如同第一印象一般。这个阶段人类最容易产生**证实偏见**。

证实偏见

证实偏见是人类信息加工中常见的错误，其原因是个体在一开始就对某事物做出了错误的知觉判断。在这种情况下，一个人做出决定，并只关注和接受有利于自己的信息（即不断证实而不去证伪），会忽略掉其他不利于自己的信息。

例如：

一架双发飞机中，飞行员发现座舱内有一股焦煳味。如果飞行员关闭了一个发动机之后，发现焦煳味也消失了，那么他会确信自己关闭的发动机就是出了问题的发动机。

在上面的例子中，如果是其他的原因，如空调系统排出了所有的焦煳味，相应的味道也会消失。因此，焦煳味的消失并不一定意味着飞行员的操作是正确的，他有可能关闭了工作正常的发动机。但是，在证实偏见的影响下，飞行员会忽略其他的信息，认为自己的确关闭了出问题的发动机，所以焦煳味消失了。

决策和反应选择

一旦感知过程完成，相应的决策也就做出了。感觉传感器中的信息会和我们记忆中的信息放在一起分析和处理。有时，大脑会下意识地做出冲动性的、即时的反应；而有的时候，大脑会从负责记忆的脑区**海马回**中调取工作记忆、长时记忆或运动记忆进一步加工信息。

这一过程被看作是有意识地**做出决定**、**思考**和**识别**的过程，如图 15-3 所示。

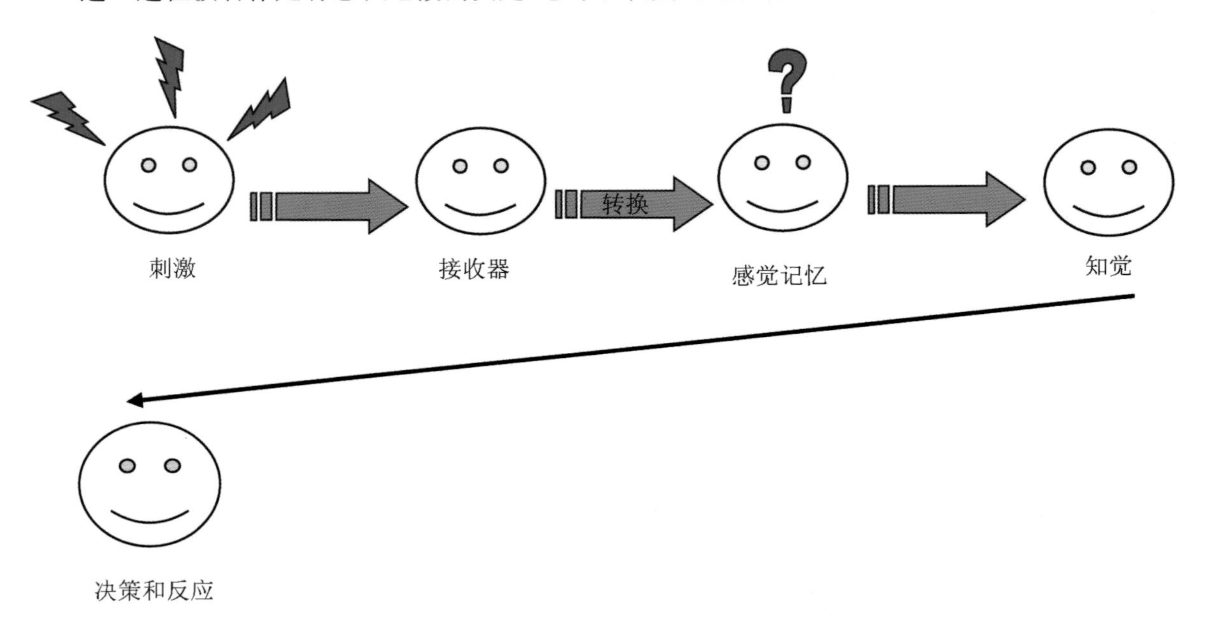

图 15-3　决策和反应选择过程

超短期记忆

如果需要立刻做出反应，则大脑对刺激用**超短期记忆**来反应。这种记忆在感官中保留大约 1 s，具体时间取决于外部因素，例如印象的强烈程度等。

在超短期记忆中，身体需要对当前信息立刻做出反应，因此极为重要，其加工速度也是极快的。由于个体差异，不同的个体对当前情景重要性的认识和优先排序也有所不同。

鸡尾酒派对效应

鸡尾酒派对效应是大脑使用这种超短期记忆的一个例子。一个星期五的晚上，在一个拥挤的酒吧里,一个人与他的朋友们在聊天。这时,他听到背后另一群聊天的人提到了他的名字。这时,他的神态、语调等可能都不会有变化,但注意力却瞬间就转移了过去。

工作记忆或短时记忆

工作记忆和短时记忆这两个术语使用频繁。想象一下这样的场景,一个飞行员听到驾驶舱有警报响起,他可能做出以下两种反应中的一种:

➢快速反应,关掉报警声音;

➢记住这个声音,同时确认问题出在哪里。

上面的反应是一个持续的信息加工过程,即不断地向大脑输入和提取信息的过程,如图15-4。在这个过程中,大脑需要决定信息应该存储在哪里——是存储在短时记忆中,还是存储在长时记忆中,以后需要的时候再来提取。因为如果信息不存储,并保留在工作记忆中的话,可能会影响到其他工作的完成,要知道,大脑的中央处理器同时只能进行一项工作。

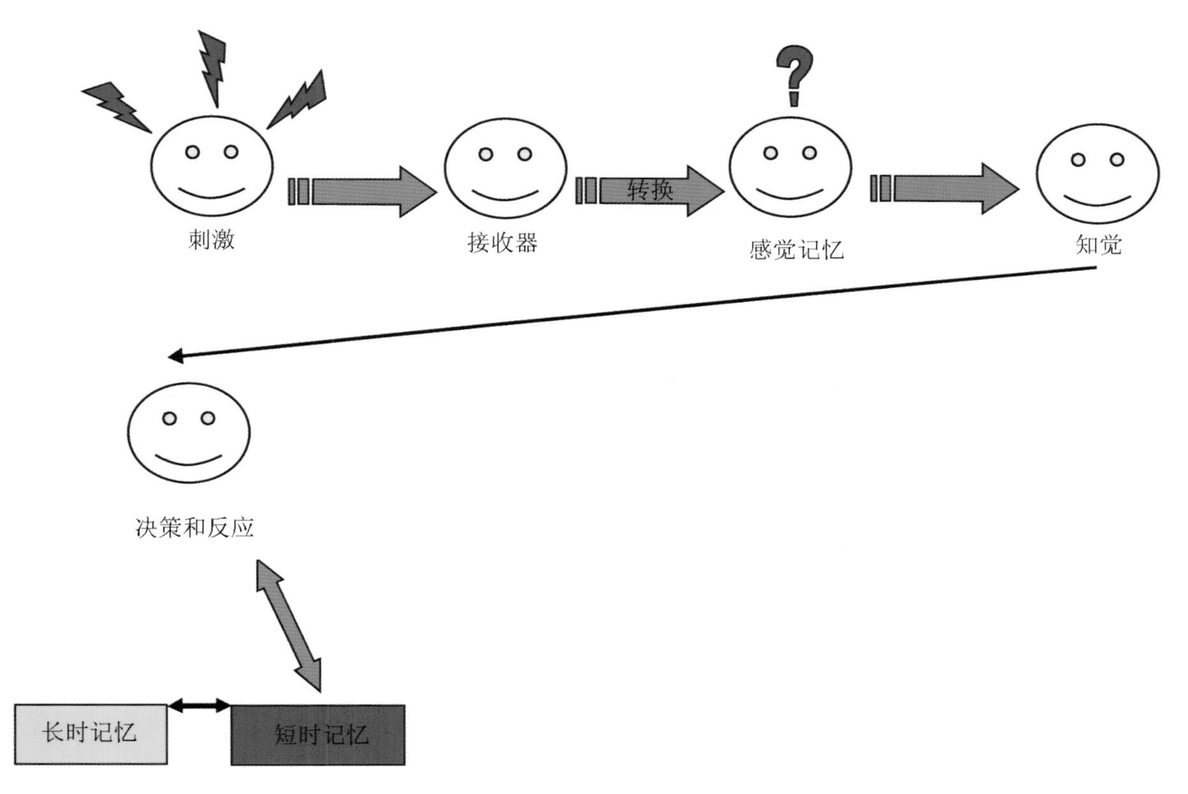

图15-4 工作记忆示意图

短时记忆以及它的局限性

当大脑读取短时记忆或长时记忆的时候,短时记忆会将这个信息短暂存储一段时间。

当需要短时记忆而不需要长时记忆保留信息的时候,短时记忆只能将信息保留很短的时间,其表现是:

➢短时记忆容量为7(±2)个单位,其保留时间为10~20 s,不断地复述以加深印象可以增加其保留时间;

➢通过“组块”的方式，可以增加短时记忆中信息的量。

例如：

记忆电话号码的时候：

➢一个电话编码041，是一个单位而不是三个；

➢一个区号01455，是一个单位而不是五个；

➢01455 477686会被保留成两个单位，而不是十一个，否则这个长度的信息会使短时记忆过载。

短时记忆在被干涉和打扰的时候容易丢失信息。

例如：

有人想打电话，但是不知道电话号码。他在电话簿中找到了号码，然后开始复述，直到记住这个号码，然后走到电话机前准备打电话。在打电话之前，由于某件事情的发生耽误了30 s，他的短时记忆受到干扰，刚才记住的电话号码可能遗忘，他必须重新看电话簿，重新记一遍。

环境捕获

短时记忆的一个局限性就是环境捕获，即在相同的环境（习惯）中多次进行同一种操作，再遇到类似的情况时，飞行员就会下意识地采取行动，采取与以往一样的操作。

例如：

在一次飞行中，飞行员正要执行放起落架的动作，这时，他的工作被干扰了，尤其是与ATC的通话时，干扰比较严重。于是，相应的工作信息（放起落架）就不在他的工作记忆中了，起落架最终没有放下。由于过去多次飞行，他的动作已经成为习惯性的动作，在最后落地时，他会下意识地喊道“起落架已放下”并认为这个操作已经执行了。最终，当飞机机腹擦地的时候，他才意识到起落架实际上并没有放下。

长时记忆以及它的局限性

长时记忆分为两种：

语义记忆

语义记忆存储我们所知道的概念和知识，如对一个词的理解，怎么样驾驶飞机以及伦敦是英国的首都这样的常识。

在大脑存储语义记忆的脑区中，存储的都是已知的信息，包括一些从来都没有用过的已知信息。如果大脑忘记了一个单词或者事实，那是因为相关的神经通路出了问题，而不是因为信息被遗忘了。事实上，这个信息仍然被存储在大脑中的某个区域，可能长时间都没有被提取过，以致提取变得很困难。

情境记忆

与我们的欲望和期望相关，情境记忆是不断变化的，它存储着曾经经历过的事情。由于情感因素的作用，讲述者复述故事时更多的是去满足他们自身的情感需求，而不是如实地回想事实。

在目击者的报告中，情境记忆往往会出现问题。如飞机坠毁的报告中通常会提到：

➢所有的飞机坠毁前都已经着火了；

➢在发生撞击之前，所有的飞行员都试图驾驶飞机远离学校、医院和民宅。

其他的一些问题与是否是“专家”目击者有关。一个目击了飞机坠毁的飞行员会更多地预测驾驶舱里面发生了什么，并将这种主观预期与他看到的事实混淆在一起。非专业的目击者的讲述可能更贴近事实真相。儿童会给出最好的目击报告，因为他们的情境记忆还没有发育完全。

运动记忆

刚开始学习一个新的运动好像比较难，例如第一次骑两个轮子的自行车。驾驶飞机也是一样。一开始飞行的时候，总感觉ATC或者其他人给的任务难到无法完成。像其他多数需要不断练习来提高熟练度的动作一样，人类的运动神经通过练习可以很好地完成飞行动作。驾驶飞机需要下意识地做出反应，而无线电通信则必须通过有意识的信息加工以做出反应。通过不断练习，形成的动作程序能够使动作不经过有意识的加工，下意识地做出反应。

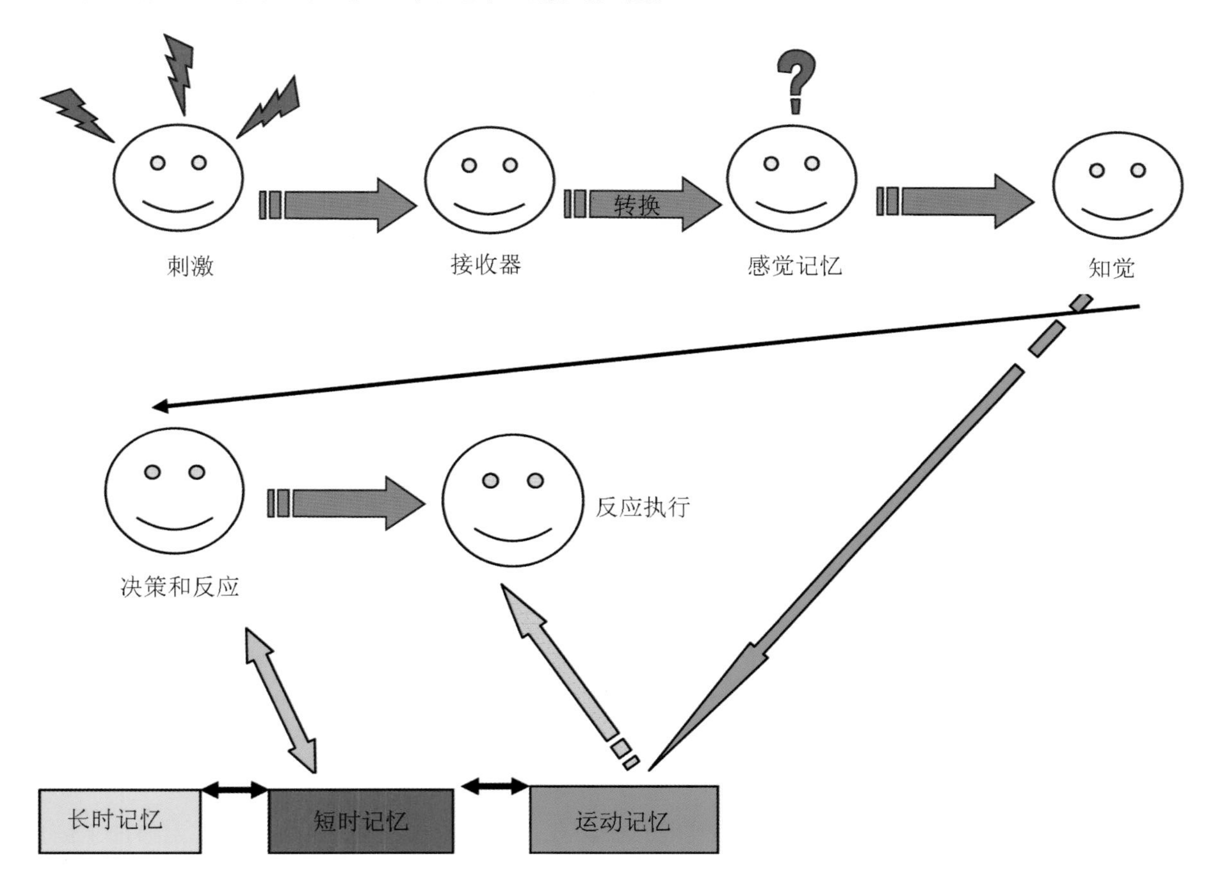

图15-5　运动记忆

当一个动作经过反复练习后，就会逐渐形成动作程序，其表现就是该动作的完成变成了自动化的，不需要意识的参与。但是一旦当飞行条件变得复杂（比如说着陆阶段），动作程序就无法很好地完成工作了，飞行员必须重新通过有意识的控制来驾驶飞机，如图15-5所示。

动作偏差

使用动作程序的优点显而易见，因为它提高了我们的能力。动作偏差是大脑使用动作程序的时候产生的错误。

例如：

设想这样的一个动作场景，在倒茶水的时候同时看电视，然后往茶里加入糖。如果注意力被电视节目分散了，人们就可能把茶水倒入了糖罐中。这个例子说明动作程序实施倒茶水这个动作时，不需要有意识的思考。由于注意力被分散，倒茶水的过程继续，而茶水被倒入了糖罐中，因为大脑认为它进行到了放糖的阶段。

另外一个例子：

BAC 1-11型飞机，副驾操纵。起飞后，执行检查单，刹车预位，收起落架，PAX通知关闭，等等。天气很好，天很蓝。W/V 270/80，温度30℃。在1500 ft的高度，我发现襟翼已经收起，开始我以为是副驾收的襟翼，虽然这个高度收襟翼不符合要求。几乎是在同时，副驾提示“襟翼收起”。“是你收起了襟翼么？”他说。“不是”，我回答道，“我没动过襟翼”。他说他也没碰。之后，他发现起落架还没有收，可是我记得我是收起了起落架的。毫无疑问，起飞后，我应该收起起落架，却收起了襟翼，我对这个操作完全没有印象。我为什么会在一个非常熟悉的机型上做出这么危险的操作？我不知道怎么回事，我没有生病，没有应激，也不存在个人问题，真是奇怪。

反应执行

提取了记忆之后大脑会做出反应。能否做出一个合适的反应取决于个体对当前压力的知觉。下面的一些说法不仅适用于飞行，也适用于日常生活：

- 如果延误会带来危险，那么一个人会在压力下尽快做出决定；
- 人们通常在全面分析当前情况之前就已经做了决定；
- 当压力存在的时候，人们会做出更快速的反应，但更容易出错；
- 大脑对听觉刺激更敏感；
- 当一个人带有预期的时候，任何情况的变化都有可能加强这种预期；

  “一个机组计划在13号跑道起降。他们一直试图降落到13号跑道上，直到他们联系塔台，得知分配给他们的跑道是31号跑道为止。”
- 一个老人的反应或许会比一个年轻人的反应慢很多，但是通常他们的反应更正确一些。

注意力

注意力受大脑海马回的限制，其他的一些限制因素还包括：工作记忆中的信息量、大脑加工信息的速率等。

一个刺激是否能被注意取决于该信息的重要性和现有的注意力资源。

注意力既能被**选择**，也能被**分配**。

注意力的选择

注意力的选择是指大脑会优先选择一些信息进行加工。要知道，大脑一次只能深加工一个复杂任务。如果同时要求处理的任务太多，一些信息就会丢失。

“1972年，一架三星式客机在迈阿密机场进近的过程中，起落架出现了一个小故障，机组成员设定了自动驾驶并找寻起落架出问题的原因。不幸的是，设置的自动驾驶使飞机缓慢下降。在飞机撞击到地面之前，空中交通管制员及其他飞机均发出了危险警报，试图提醒当班机组注意。但是，机组的注意力集中在起落架的故障上，忽视了所有的警报，当他们反应过来的时候，一切都晚了。飞机坠毁，机上176人，有101人罹难。”

注意力分配

注意力分配允许个体在不超过海马回限制的前提下，将注意力分配到两个任务中去。一旦当前的任务所需注意力超出了限制，可能导致飞行员注意力分配困难，出现“错、忘、漏”等现象。

前文已经提及，已经足够熟练、变成自动化的动作程序在执行时不需要个体的意识参与。飞行员在操作时，可以一边执行主要任务，一边执行一个使用动作程序的任务，因为只需要使用很少的一些注意力来监控动作程序，就可以很好地完成，这样，飞行员就能同时进行多个任务了。

压力与注意力

压力使注意力集中。如果在压力下进行一项任务，个人会将所有的注意力集中于手边的任务，没有余力注意到其他的事物。压力与个体的唤醒水平正相关，而唤醒水平直接影响工作绩效。

低度唤醒　　低度唤醒水平意味着注意力水平降低；

适度唤醒　　在这个唤醒水平，人类信息处理效率最高；

高度唤醒　　在高度唤醒的状态下会出现注意力狭窄，持续的高度唤醒会使注意力过载。

过载

过载表现为工作绩效的快速降低或注意力狭窄。有些个体会出现行为退化，部分人会出现行为固着。

第十六章 情景意识

导言

“飞行要有预见性。”有多少教员这样告诉学员要对飞行状况进行思考？这是否意味着学员的情景意识丧失？

在研究飞行事故时，我们必须考虑下面的问题：

在一架配备最先进设备的飞机里，为什么状态良好的飞行员，在飞行的关键时刻却操作失败？

情景意识

个体情景意识或机组情景意识很难被定义。一些研究者曾提出如下定义：

➢情景意识是在特定的时间与空间范围内，飞行员对环境的知觉，对其意义的理解，以及对接下来状态的预测（Endsley, 1987）；

➢情景意识是操作或维修系统时所必需的、对系统新近状态的认识（Adams, Tenney and Pew，1995）；

➢情景意识是适应性的、外部指向的意识。简单地说，情景意识就是对情景的准确知觉（Smith and Hancock，1995）。

上面的定义很适用于单个飞行员。对机组来说：

➢机组情景意识涉及两个要点（这两点比较抽象，难于理解）：处于高度互动关系中的个体情景意识以及群体过程（Salas, Prince, Baker and Shrestha，1995）；

➢机组情景意识是机组对任何特定时间上影响（或可能影响）机组与飞机的因素的理解（Wagner and Simon，1990）。

情景意识的建立

建立一个三维的心理模型，即谁在操纵飞机，向哪里飞，之前在哪里。它们有助于情景意识的建立。

这个心理模型是一种理解概念的方式：

➢事物怎样或为什么这样运转？

➢为什么发生这种情况？

➢为什么人要有这种行为？

许多因素都会影响飞行员的情景意识，图16-1列举了一些：

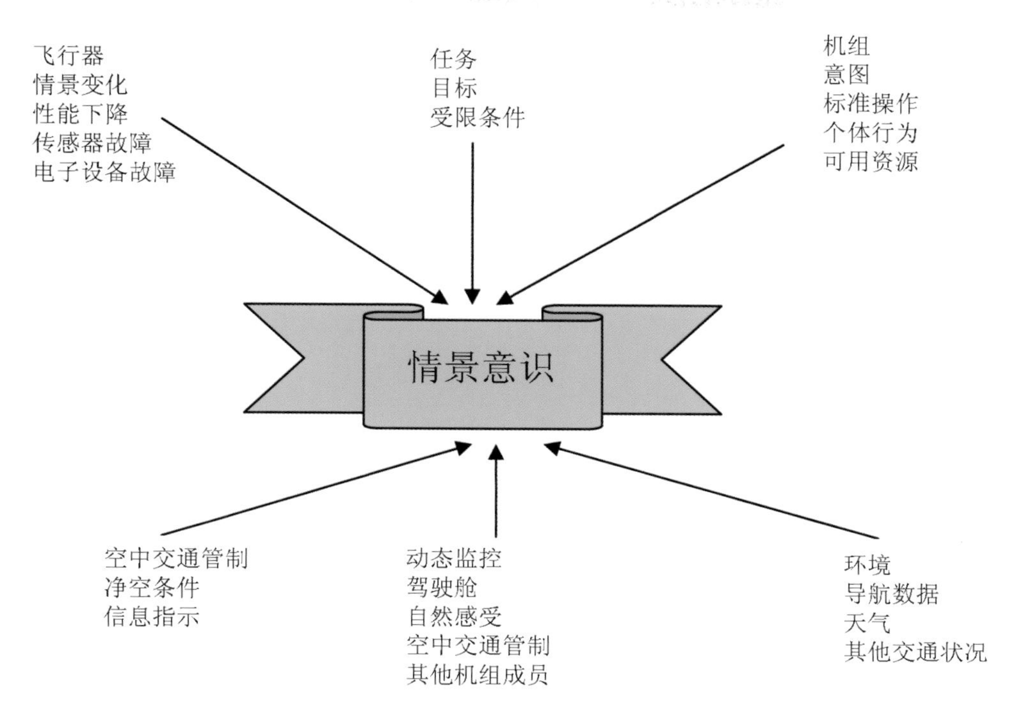

图16-1 影响情景意识的因素

经验与期望可以帮助飞行员建立心理模型,即对事件提前预期。这样做可能也存在问题,即我们无法确定飞行员的知觉是基于事实,还是仅仅基于他自己的想象。

为了确保机组的每一名成员都有同样的情景意识,所有的机组成员必须记住:

➢在现代座舱里,"知识并不必然意味着力量";

➢所有的信息必须要分享;

➢有效的交流才可以确保信息的正确传递。

在飞行前、飞行过程中,以及飞行后,飞行员都需要准确知觉影响航空器与机组成员的因素和状况。情景意识分为个体情景意识和机组情景意识。

影响情景意识的个人因素

警觉 绝大多数飞行任务都需要持续的监控,不能出现遗漏。警觉可定义为:操作者在相当长的一段时间内,对环境中偶然发出的某种信号的察觉并做出反应的持续准备状态,如在长时间飞行中持续地扫视其他飞机等。飞行员需要持续监控飞行状态,在飞行过程中保持警觉是非常重要的,诸如疲劳、睡眠缺失与厌倦这些因素都会降低警觉水平(即觉醒不足)。

唤醒 唤醒的定义是:"从睡眠之中醒过来。"在航空领域,这意味着对任务保持准备。正如在第十四章所讲到的,最优的作业表现需要较高的唤醒水平。可以这样认为,高唤醒水平需要高警觉状态。低唤醒水平会导致低警觉,以及较差的作业表现。

过度警觉 过度警觉是一种恐慌状态。这种担忧状态出现得非常迅速,且没有明显的原因。出现过度警觉状态的人会不合逻辑地将注意力放在所有任务上。微小的问题都可能占用过多的注意力,结果反而忽视了主要问题。

情景意识的三个水平

飞行员不仅要有应对正在发生情况的能力，也要有预测即将发生情况的能力。这说明飞行员要有三个水平的情景意识：

情景意识水平2:评价

情景意识水平3:预测

情景意识水平1:监控

情景意识水平1:监控

在同一时间内飞行员能看到与能听到的信息是有限的。监控需要飞行员警觉当前哪里需要给予关注，哪里可以暂时忽视。这一点说起来容易，做起来难。

下面一些技巧有助于飞行员达到这个目标。

注意就像探照灯，仅能聚焦到一个方向。注意力变窄后，飞行员可以忽视所有的外在影响以确保全神贯注于手头的任务。在解决难题时注意狭窄很有用。但是谁驾驶飞机呢?

如果注意力的范围过宽，飞行员可以察觉飞行及环境的所有方面。飞行工作要求他们既要有注意细节的能力，也要有综合全局的能力。太宽可能会带来负荷过载。在两人制飞机里，冗余性允许一名机组人员关注细节，而另一名机组人员负责“驾驶飞机”。

分心比较容易出现。对分心的因素必须进行区分，分为不需要关注的与需要关注的。分心很容易成为错误链中的第一环。

飞行员必须要能综观全局，同时注意到细节而不走神或分心。

情景意识水平2:评价

滞后于任务是飞行员最可怕的噩梦之一。在这个情景意识水平，飞行员需要评价与理解大量与飞行任务相关的输入信息。除了要监控输入信息，还必须要理解这些信息的含义。这样，飞行员才会对眼前的任务保持情景意识。

此水平的主要问题源于与自动化有关的困难。为了保持对情景的理解，飞行员必须要利用所有的信息资源。

情景意识水平3:预测

飞行员不仅要知道正在发生的情况，还必须要预期情况将如何发展。

这个阶段的情景意识可以保证机组成员对问题有同样的知觉，围绕共同的目标努力。机组预料到的通常不是那些高工作负荷情境所带来的问题。

飞行员需要考虑的问题

“如果……怎么办?”是飞行员应该不断去问的问题。这个问题有助于座舱环境的管理，包括情景意识。两个飞行员在飞行的任何时刻都需要知道“是什么”“在/去哪里”“在/到何时”，以及“谁”这些问题的答案。

简述／讲评

NASA的一项研究表明，飞行时进行简述与讲评的飞行员，其飞行要比不进行简述与讲评的飞行员更有效。简述与讲评都可以让飞行员对各种情况进行计划。这些计划是情景意识的基础，简述是知识的初步分享。

冲突解决

通过监控，另外一名机组成员的错误能被迅速识别，并得到处理。标准操作程序通过操控飞行员与监控飞行员之间的职责授权起作用。每个飞行员都有某些职责，但必须监控与另一名飞行相关的情景。

情景意识丧失

情景意识削弱或丧失主要表现为：错误地诊断系统问题、无人监控飞机、全神贯注于某事、与既定的目标不吻合等。

如果情景意识丧失，则飞行员应该考虑到如下步骤：

➢做结论前，收集所有可用的信息；

➢用尽可能多的时间梳理头脑，急匆匆地做出的决策（尤其是在无时间压力的条件下）通常是不当的；

➢考虑到所有的可能性（需要特别警惕证实偏见）；

➢如果已经开始实施计划，则暂停计划，并对当前状况进行评估，以确保执行的计划有效；

➢如果机组成员已经做出判断，但新获取的信息与此判断有冲突，就需要更为仔细和全面的思考，才能制订计划，做出决策。

第十七章 交 流

导言

交流是以清晰明确、易于理解的方式及时交换信息、思想与情感的过程。交流过程包括信息的发送、接受和反馈。

在现代座舱中,交流对保持情景意识至关重要。

卡尔·马克思曾这样写道:

"善于交流者才能成为领导者。"

有效的交流

飞行员为什么必须要进行有效的交流?考虑下面的情境:

机长:"起飞功率(Take-off power)。"[①]

机械师:将全部4个油门手柄收回慢车位。幸运的是,飞机还在起飞点,尚未起飞。

在座舱里,飞行员需要有效地交流彼此的想法、关注点,以及各自掌握的信息。交流是否有效不仅取决于信息的发送者,也取决于信息的接受者。不要想当然地认为你的表达是清晰明确的,表达的内容能立即被理解。在实际交流中,结果可能恰恰相反,听与理解并不同步。没有理解,有效的交流就不复存在。

有效的交流对安全地实施操纵至关重要,但是应如何定义有效交流呢?

与交流一词(communication)的前6个字母相同的单词(如 community、communism、communion、communal)都有分享的含义。从这个层面上来说,交流可定义为信息分享。但是,本章所关心的是有效的交流。充分地分享信息是否可被认定为有效的交流呢?

信息首先由发送者发送,然后为接受者接受。要想交流有效,所发送与接收的信息必须尽可能地不偏离其本义。

有效交流的代价

所有的交流都要付出成本。为了确保信息被正确接受,必须检查信息是否被正确理解。

不良交流的后果

当我们不单以飞行座舱,而是以多角度去看一个航空公司时,不良交流会有什么后果呢?

①此案例含义为:机长用语不规范,语义存在混淆,该句还可以理解为"关闭引擎",编者按。

低生产率	排班不当导致公司飞行效率不够经济。设想一下由于公司没有发出通告,从而导致飞行员错过了执飞到因弗尼斯的航班这样的情况。
漠不关心	“上周他们没有告诉我0630要执飞到因弗尼斯机场的航班,谁知道这周又会出现什么情况。”
出错	“我想我是飞0730到希思罗的航班。”
不合作	“如果他们什么都不愿意说,那让他们去死吧。”
谣言四起	“我听说布洛格斯机长错过了执行0630到因弗尼斯机场的航班。”

每个人在人生的某个阶段都体验过类似的事情。

良好交流的关键是信息的发送者正确地传递信息,接受者正确地理解了所传递的信息。

好的信息传递者应当:

➢发出的指示清楚、易于理解;

➢发音清晰;

➢在接收者准备好时才发送信息;

➢对信息是否得到正确理解要求反馈。

好的信息接受者应当:

➢对所有信息保持注意;

➢如果没有准备好接收信息,及时告诉发送者;

➢确认是否接收并理解了信息。

交流的类型

交流有多种形式:口头的,书面的,图形化的,等等。下面分别说明每种交流形式的优缺点。

书面交流

飞行员在飞行过程中会接收到各种形式的书面信息,如检查单、JAR-FCL标准操作程序、标准操作程序手册、通告、备忘录等。书面交流的优点是表达比较清楚;通告与备忘录可以被迅速发放;如果出现错误,检查单与出版物可以被迅速修订。其缺点是这种交流没有人情味,是一种单向交流,因此容易出现模棱两可甚至误解,或者无法核实信息是否被理解,使用者也没有办法确定文档是否是最新的。为确保交流有效,书面材料必须组织得当,且易于使用。

我们以保险单为例,如果所使用的字体很小,语句的长度又长,加上使用法律措辞,客户可能在读完后很快就不能想起前面读过的文字。调查表明,语句中所包含的单词量会影响对其的理解,如表17-1所示。

表17-1 语句中包含的单词量与理解程度之间的关系

语句中所含的单词量/个	读一遍后能理解的程度/%
27	4
15	70
12	86
8	94

缩短句子的长度并不意味着一定会更容易理解。下面这句话带有双重含义，请想一想：

“如果你发现我们的商品令你不满意，你应该去见我们的经理！”

视觉与图形化交流的模棱两可

俗话说，好的图形胜过千言万语，但本书第八章的内容已经说明了视觉图形也是比较容易出现视觉上的歧义的。

“1979年，新西兰的一架DC 10飞机在13000 ft高度飞行，在飞到南极洲一个活火山的边上时意外坠毁。当时，此区域的天气为目视边缘气象条件，飞机处于受控飞行，座舱语音记录器没有发出任何警告的记录。但是，这架DC 10飞机为什么会坠毁？白化条件引发的视觉模糊是一个主要的原因。”

社交技能

社交技能指人们在互动时所使用的基本行为模式。身体语言是其中一种主要的类型。

身体语言

身体语言的定义有多种。下面列出了一些有利于保持良好座舱关系的一般准则。要注意的是，传统座舱里两个人并排而坐的方式并不利于良好的身体语言交流。

图17-1说明了在日常交流中人们传递信息的方式，以及不同的交流方式所传递的信息的所占比重。我们能看到，实际上，在日常交流中，通过词语本身所传递的信息量最小，而身体语言传递的信息量最大。

正常交流

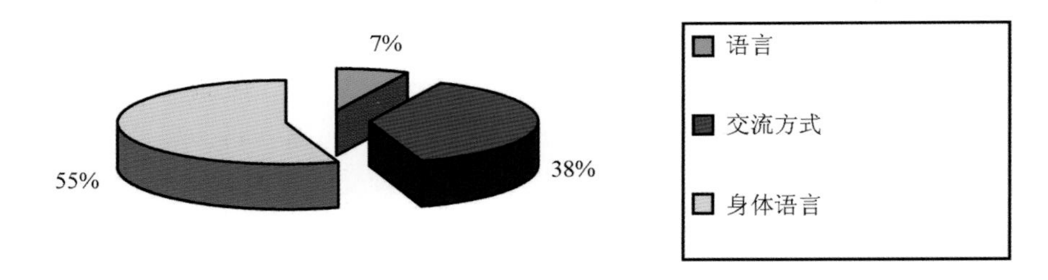

图17-1　日常交流中各种交流方式传递的信息比例

主要的身体语言交流方式有：

目光接触　很难相信一个人在与另一个人说话时会一直不看对方。如果是这样的话，要么是他对谈话缺少兴趣，要么说明这个人很没有礼貌。不过有时候，盯着对方看也许会被认为是一种挑衅。

面部表情　每个人都会用面部表情表达高兴、忧伤、满足等情绪。在座舱里，面部表情很容易表达轻视、厌恶等情绪。

身体接触　身体接触是一种重要的交流方式。在阿拉伯国家，握手时间长短表明是否对对方有兴趣。在英国，握手也就稍稍接触一下就了事。人们很容易忽视在某些文化里身体接触所具有的重要性。

身体朝向与姿势 一个人坐的方式,站姿或坐姿都会向交流对象传递某种情感。双手交叉、双腿交叉都能传递不同的信息。

身体的距离 在人际交往中,距离身体大约50 cm范围内的空间通常被认为是不应当受到侵犯的。当此空间受侵犯时,被侵犯者通常会后退以保持合适的距离。

言语交流

言语交流与身体语言的交流具有同等的重要性。语速、语调和语气很容易暴露情感。在一般性的交流中,词语本身所传递的东西并不多。

机组一旦处于座舱之中,日常交流的模式就不适用了。尤其是机组处于高负荷状态时,交流会从日常的随意交流变为非随意交流(即受迫交流)。与日常交流不同,此时身体语言的交流就不那么重要了。

受迫交流（非随意交流）

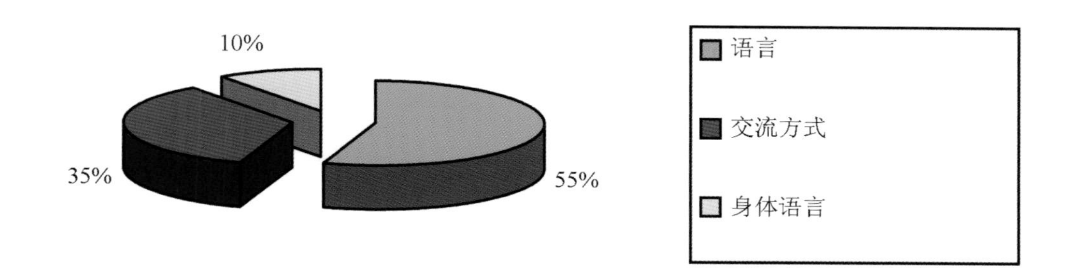

图17-2 受迫交流(非随意交流)中各种交流方式传递的信息比例

在飞行的高工作负荷阶段,许多交流错误会导致事故发生。飞行员需要认识到如下观点的重要性:

➢高工作负荷状态下,个体偏好的交流方式会出现改变;

➢75%的事故发生在起飞、着陆这两个高工作负荷阶段;

➢言语交流的内容以及表达方式在这两个飞行阶段非常重要。

倾听

在交流过程中,一个人大约有40%的时间花在倾听上,因此“听”是交流的一个非常重要的主题。我们都认为自己是一个好的听众,但是我们是在“倾听”还是仅仅在“听”？在太多情况下,“噪声”并不会进入大脑进行加工,不会降低理解信息的准确性。有效的倾听需要注意的问题如下:

➢人们的语速一般为125个词/分钟,最多会达到180个词/分钟;

➢人们有能力接收500个词/分钟。

这样,大脑剩余的能力就可以做如下事情:

计划 专注于制订反应策略,而不是倾听发送方的话语。

开小差 等待某个关键词,以便等自己说话时,引入另一个自己感兴趣的话题。

辩论 采取与谈话者相对立的观点。

不再倾听　不再继续倾听，因为觉得谈话内容不重要。

倾听是一种技巧。许多时候人们只听那些自己希望听到的内容。

"我知道你觉得你理解了我说的话，但是令我困扰的是你听到的并不是我想要表达的意思。"

听的效果不好的原因在于人类信息加工系统本身，为了准备好回答，大脑总是试图猜测另一个人准备说什么。

下面两个过程经常让人混淆：

听　对声音的物理理解过程。

倾听　对物理、情感，以及智力输入的解释过程。

如图17-3所示：

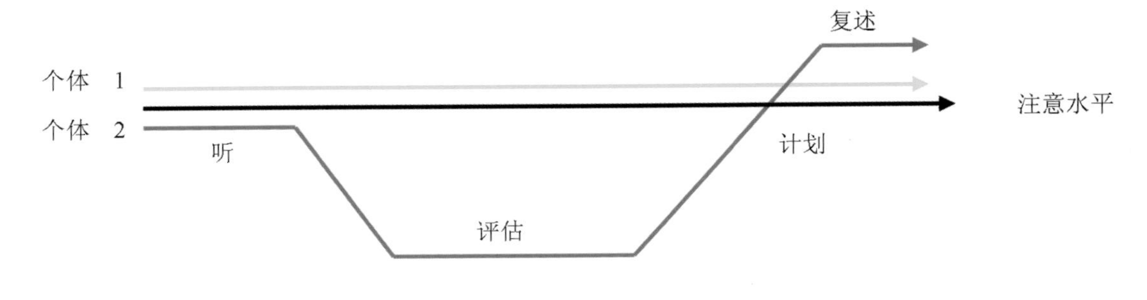

图17-3　日常交流模式

图17-3简单地说明了人们日常生活中的交流。个体1在说，个体2开始在听，但很快就希望成为话题的主角。一旦理解过程开始，其注意水平开始下降，就没有注意个体1接下来所发送的信息。理解也仅仅就是最开始所听到的部分信息。最后，个体2已经知道该如何做出反应，并打断对方、开始插言。

要想成为一个好的听众就必须练习积极的倾听。积极倾听的过程包括四个阶段：

阶段1

- 觉察到声音信号；
- 理解声音信号；
- 分辨词语的能力。

阶段2

- 开始理解；
- 倾听者开始保持注意力。

阶段3

- 将事实与幻想区分开；
- 对信息进行真正的分析；
- 依赖于知识和过去的经验。

阶段4

- 阶段3的内容加上同理心。

为了促进积极倾听还需要考虑以下内容：

非言语反应

- 面对讲话者，微笑，保持放松；
- 保持目光接触；
- 鼓励他人讲话。

言语反应

提问以检查讲话内容是否被理解，提问应当：

- 限制可能的反应范围；
- 有利于迅速获取特定的信息；
- 不正确地使用提问会让人产生被审问的感觉。

提问的理由有很多种，如为了获取信息或显示兴趣，或确认所说内容是否被理解。

有四种常见的提问方式，其中两种在飞行环境中是可以被接受的，另外两种则不行。

闭合式提问

这种类型的提问只需要以“是”或“否”作答，很适合于获取或传递信息，以及检查所说内容是否被理解。如：

巴黎是不是法国的首都？

这种提问方式的优点在于，对话通常比较迅速，如果产生误解也可以被快速地感知并解决。

这种提问方式的缺点在于，由于一些相关的其他内容没有被包括在问题中，因此这些内容在回答中也不会出现。

开放式提问

这种类型的提问允许他人表达自己的观点。如：

你认为向希思罗机场进近如何？

这种类型提问的优点在于，提问者可以从对方那里获取进一步的信息，以证实提问者对当前情况的理解；其缺点是讨论可能会导致决策延缓，或讨论会离题。

引导性提问

这种类型的提问给出答案。如：

我认为卢顿机场是最好的备降地，你认为呢？

这种问题是情景意识丧失的明确信号，在飞行中，这意味着**危险**的来临。

限制性提问

这种类型的提问与引导性提问相似，但是限制了答案。如：

我们应该在哪里备降，卢顿机场还是考文垂机场？

理解

如果仅部分理解了交流的内容，就一定要提问。需要记住的是，服从是人的普遍特性。服从是心理学术语，描述的是人们倾向于同意而不是反对，对问题的回答总是“对”或“是”，即使他对谈话的内容并不理解。

通过使用前两种交流类型，就可能保持有效的交流。记住拉迪亚德·吉卜林(Rudyard Kipling)的诗：

我拥有忠诚的六个仆人，

他们把我要知道的一切都告诉我们，

他们的名字是何**事**、何**为**、何**时**、何**地**、何**如**、何**人**。

在提问时要想到用这六个词。

在需要专业操作的情境下，人们会选用更为经济、更为专业的方式彼此沟通——相比那些与外行的交流，这种专业的交流大大降低了混淆的可能性。

倾听

倾听是指：

➢有意愿去理解他人感受的真诚愿望；

➢听，并表达自己对对方所说内容的理解；

➢对他人的思想与感受敏感。

倾听不是：

➢被动的；

➢仅仅表达同意或不同意；

➢评判性的；

➢争辩性的。

有效倾听的艺术

想要成为一个高效的倾听者，需要不断练习，并付出真诚的努力。

高效的倾听者是：

➢值得信赖的，有爱心的；

➢令人满意的；

➢允许他人说话的；

➢全神贯注于他人的想法与感受的；

➢有助益的；

➢积极的听众。

元交流

这个概念涉及所有有助于有效交流的因素，如语气、语调、身体语言以及表情等。据估计，不借助于词语，大约80%的交流可以据此完成。

按照瓦特拉威克的说法，元交流是指：

“当我们不再通过语言文字进行交流，而是通过潜藏于语言文字表面之下的沟通方式(如人际距离、肢体动作等)进行交流时——正如我们在对交流进行研究时所不可避免的那样，我们所用到的概念体系就不是交流的某一部分，而是交流本身。”就这么简单！

地位、角色与能力

地位

座舱中的地位通常取决于两个因素:谁是机长? 谁是副驾驶?

两人之间的关系可定义为上级与下级。因为这种地位,机长在质询副驾驶时没有什么困难,但是对于副驾驶来说,质询机长则很不容易。如果机长又恰是教员,而副驾驶才刚刚开始职业生涯,问题则会更严重。

另外一种情况是两名机组成员地位相当,比如两个人都是机长,或两个人都是飞行教员,抑或是两名学员在一块飞行。两个人可能都不愿互相质询,因为这样可能产生自己能力不如对方,或地位不如对方的感觉。

角色

飞行员角色的变化通常源于他是操控飞行员还是监控飞行员。在一些危险情况下,某些飞行员不愿主动接替操纵,因为他们不希望另一名飞行员产生不被信赖的感觉。

能力

我们对其他飞行员的评价依据对其能力的判断。我们可能认为机长是个好的领导者,但是如果我们认为他是一个糟糕的飞行员,那么我们与他的关系可能会受到影响。

氛围

良好的座舱氛围需要机组人员共同营造,这有利于高效的双向交流。营造良好的座舱氛围需要:

- 对领导/团队工作方式有正确的态度;
- 对其他机组成员的意见,以及所完成的任务表现出兴趣;
- 鼓励开放、坦诚的讨论;
- 积极倾听,在回答之前想好答案;
- 对其他机组成员表现出同理心;
- 对回答与决策进行解释,以鼓励开放式交流。

冲突

座舱内会因为意见不一致而发生冲突,这并不奇怪。冲突发生时,重要的是正视并迅速解决冲突,而不是任其发展,最终不可收拾。要知道,保持和谐的、合作的、共担责任的驾驶舱氛围是相当重要的。

以下一些技巧有助于解决冲突:

质询、主动性倾听、赞同、反馈、元信息传递(Metacommunication)、协商、调停等。

要记住,虽然机长拥有最终决策权,但他应该向其余机组成员解释他决策的原因。如果时间不允许,飞机落地后也应再找时间进行解释。

交流的层次

冯·图恩教授提出,人类接收信息分为4个层次:

➢**事实层次**——理解字面意思,我听到了什么。

➢**呼吁层次**——基于当前的情况,我们应当如何做或者如何想,以及你想要我怎么做?

➢**自我表达层次**——我这么做或这么想的动机是什么,为什么他这么说?

➢**关系层次**——我们与信息发送者之间的关系:他怎么看待我的?我们之间的关系如何?

尽管信息发送方不太能改变信息的内容本身,但信息接收方对四个层面优先性的排序可能是不同的,这会影响他们对信息的反应。还有一点需要记住的是,听者对四个层面优先性的排序有可能是潜意识的——他们可能并未意识到他们在这样做。

总结

正如名言所说:

"你不可能不进行交流(You cannot not communicate)。"

要成为一个有效的交流者,信息的发送者或接收者必须是一个积极的倾听者,一个好的提问者,一个口齿清楚、表达准确的人。

第十八章 航空决策

决策流程

航空决策是指在判断的基础上，从众多可选方案中选择唯一方案并导向行动的过程，它能够被分解为一系列步骤或行动，包括：

- 认识到当前的问题，注意在这个步骤中，尚未采取任何行动；
- 收集相关信息来评估当前的状况，这个阶段所有机组成员都应当参与进来；
- 明了为了解决当前的问题，需要哪些信息，并且知道从哪些渠道得到这些信息，怎样去验证这些信息；
- 评估已经确认的问题以及相应的解决方案，确定其各自的风险，权衡利弊来选择最佳解决方案；
- 做出决策并开始行动，注意：有时候什么也不做也可能是一个正确的决策；
- 根据反馈来评估结果，如果需要的话，可以进行评估并校正。

决策反应

我们无法穷尽所有的行为，但至少以下所列有助于进行决策。采取这些行为的目的是对问题采取一个符合逻辑的、安全的处理过程。

- **继续驾驶飞机**
- **永远不要认为时间不够**

  不要慌张，保持冷静，首先要仔细思考，然后再采取行动。机长要团结其他机组成员的力量，向ATC请求帮助来得到更多的时间。放缓处理非关键的任务，甚至是推迟它们，直到当前状况得到有效控制。
- **确认问题**

  在关闭告警铃的同时不要条件反射一样地同时关闭告警灯，也不能在还没有仔细分析告警灯的原因之前就关闭告警灯。当同时产生多个问题时，区分各个告警灯和告警铃的含义，将告警灯和告警铃的情况通知机组其他成员，确认告警灯和告警铃的含义，并再次检查可能导致告警灯和告警铃启动的其他原因。
- **使用所有的资源来评估当前的状况**

  有些紧急状况需要立即采取行动，如近地警告、发动机失火、快速释压等。但飞行中所遇到的大多数异常状况不需要立即采取行动。当收集到所有能够得到的信息后，全体机组成员应该对如何处理当前状况做出一个一致的决定。

➢**选择并开展正确的执行程序**

如果有如何处理当前状况的执行程序，就开始执行并验证它。如果没有相应的执行程序，那么要注意不要心烦意乱，也不要为了处理很小的问题而忽略了飞行安全。

➢**持续评估当前状况**

机组必须判断当前的问题会怎样影响到飞机上的其他人，决定是继续飞行、返航还是备降。要考虑可以使用的机场、天气，以及其他各方面因素的影响。要花时间来思考问题的根源，然后才能做出决定。

➢**通知乘务组**

有效的乘务组的配合对于成功的座舱准备和紧急撤离是至关重要的，所以要将当前状况通知乘务组。

➢**通知乘客**

如果要通知乘客，一定要评估是否会引发恐慌。记住以前已经因此发生过一些事故，比如机长花了太多的时间对乘客进行情况通报，而丧失了情景意识。如果乘务组受过相关的训练，在对乘客进行情况通报方面更为专业，则应将此工作移交给乘务组，飞行机组应当了解如何有效利用乘务组的资源。

决策并执行决策

前面已经讲过，在飞机上，只有非常少的情况需要立即进行决策。当然，处理问题的时间也不是无限的，因为最终飞机会耗尽燃油。因此，我们列举了下列一些决策的原则，以帮助飞行人员进行决策：

探询	通过探询来决定我们需要什么信息或帮助、各项工作的优先级别和可用时间。
讨论	同所有的机组成员进行商量。
解决冲突	提出行动方案并同其他的机组成员达成一致。
决策	解释所做的决定，包括其他方案被拒绝的原因。
评判	回顾并评估当前的状况，以保证采取的计划能够起作用，同时，要警惕证实偏见。

决策模型

大多数航空公司使用简单的首字母缩写词来保证遵循的是一个逻辑流程。英国航空公司使用DODAR模型。

➢分析（Diagnosis）；

➢选项（Options）；

➢决定（Decide）；

➢分配（Assign）；

➢检验（Review）。

这个模型在实际使用时，并不要求所有决策都是一样的内容和格式，但要求所有环节都是利于持续评估问题和问题结果的闭环。

有些公司使用DECIDE模型，如图18-1所示：

觉察(Detect) 飞行员觉察到有问题发生，并且此问题不能忽视。

紧急状况发生

估计(Estimate) 决策团队必须估计当前的问题对飞行的影响。

问题是什么？

选择(Choose) 团队选择一个安全的方案。

方案是什么？

鉴别(Identify) 团队确定所选方案是否能够解决或控制问题。

最好的方案是什么？

执行(Do) 团队执行选择出的最佳方案。

执行方案

评估(Evaluate) 持续不断地评估状况。

对当前的情况进行持续监控和评估

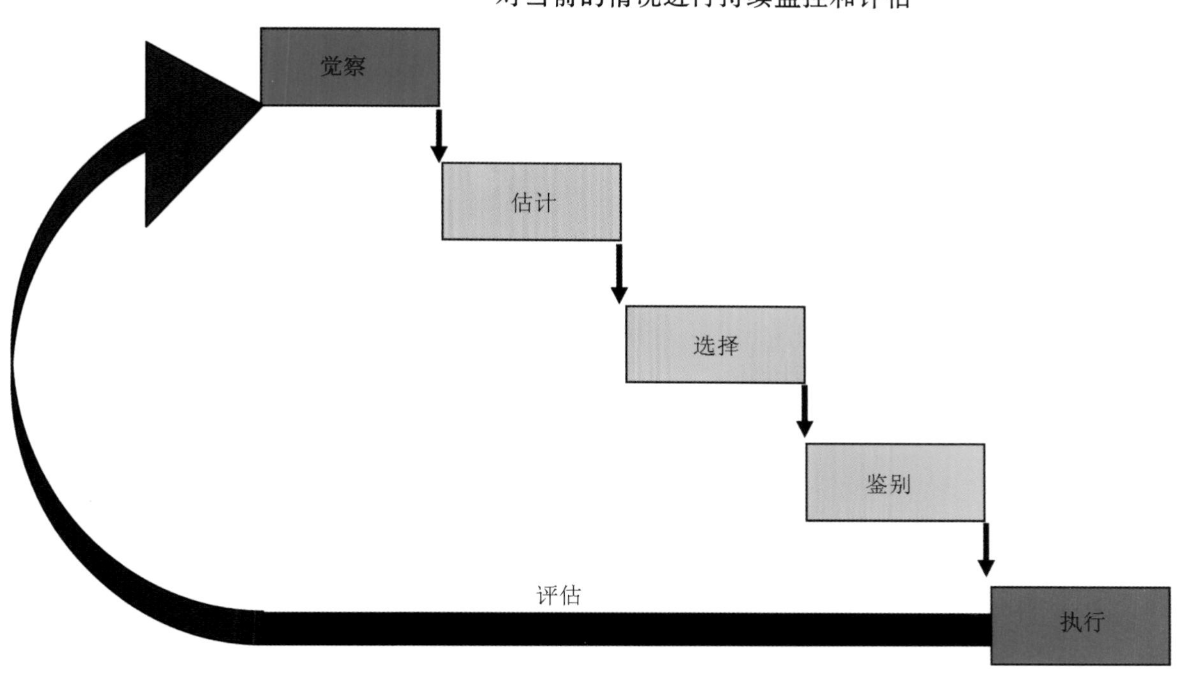

图18-1 DECIDE决策模型

团队决策

个人决策和团队决策

相较于个人而言，机组共同做出的决策通常是更好的。这也是人们为什么要成立委员会一类机构的原因之一。如果机组像团队一样工作，能够分享各自的知识和经验，就能产生1+1>2的效果。为了使团队工作更加有效，机组成员应该对自己的专业性保持自信，并以恰当的方式提出疑问，并表达观点。每个机组成员都应该认为自己的观点是有价值的，在这一点上要有自信。

团队决策时,应遵循如下一些指导原则:

- ➢使用所有可利用的资源;
- ➢期待其他人能提出不同的观点,要认识到,其他人提出的观点有助于解决问题;
- ➢避免争吵,理性看待问题;
- ➢一般的机构提倡少数服从多数,但在驾驶舱内,机长对飞行安全负责,最终决定权在机长;
- ➢重视所有的意见;
- ➢向团队成员解释决策的理由。

团队决策的影响因素

做出决策之前,要考虑到一些来自于团队或个人的压力可能会影响到决策制订。这些因素如下:

服从 多数人倾向于遵从决策而不愿意质疑它,尤其是当决策是由地位更高的人做出的时候,这种遵从情况会更严重,此种倾向被称之为服从。有的时候,即便内心并不赞同某个决定,但为了避免麻烦,个体也会选择服从。

趋同 同伴压力的存在使得个体更愿意遵从团队决策,因为他们不想使自己表现得和团队其他人不一样。如果有两个或者更多的团队成员对问题表达了同样的看法,第三个人会更倾向于和他们保持一致。个体地位对趋同有影响。如果团队成员有不同的看法,应该顶住团队压力,勇于表达。

证实偏见 证实偏见是一种自然的趋势,个体会更乐于接受那些支持自己观点的信息,而拒绝那些与自己观点不一致的信息,甚至会认为这些信息是假的。

团队极化(风险偏移) 团队极化是指个体在团队中,会趋向于较为极端的态度。一个有冒险倾向的飞行员,在有冒险倾向的团队中,会趋向于表现得更为极端。这样,团队决策相较于个体决策而言,可能会更极端化。团队相较于个体而言,趋向于接受更高的风险,这被称为“冒险偏移”。当然,反过来说,一个谨慎的飞行员在较为谨慎的团体中,会趋向于更为谨慎,这个团体所做的决策也更倾向于谨慎,可以看成是“保守偏移”。

群体思维 群体思维的概念由心理学家艾尔芬·詹尼斯(Irving Janis)于1972年提出,用于描述在群体中,错误的或者不理智的决策是如何做出的。在群体思维的情境中,每个成员都力图使自己的观点与群体的观点保持一致,其最初用于解释如切尔诺贝利核事故之类的灾难是如何发生的。群体思维也被用于解释美国政府所做出的重大决策失败,如入侵古巴的“猪湾”事件等。

团队凝聚力 团队成员在一起工作好吗?有凝聚力的团队在一起工作比较好。

其他的一些因素也会影响到飞行员的决策过程。这些因素与上述所列的因素相比,其影响更大:

警觉 一般而言,随着工作负荷的增加,警觉水平也随之提升。警觉是指个体身体的活跃水平,与注意力有所区别,注意力水平主要依赖于大脑信息加工的容量。如果当前的工作千篇一律,令人感到无聊,会出现觉醒不足,这时,个体会产生睡意,决策也就更加困难。

判断 当飞行员保持足够水平的警觉时,判断通常是准确的。良好的判断能力是在飞行过程中逐渐形成的,可以说,经验是获得良好判断能力的前提。

判断结果很重要,决策的制订和执行依赖于判断的结果。对于飞行员来说,判断就是认识到所有可能影响到决策制订和执行的因素。

态度 一个“安全”的飞行员其行为是过于谨慎,还是权衡了所有的可能性及其结果?态度是心理属性,全面影响飞行员的飞行操作,最终也对决策制订产生影响。虽然说积极的态度不完全意味着能带来良好的决策,但的确对决策制订有正面影响。

团队决策的影响因素

在决策过程中,飞行员需要对各种可能性进行风险评估,这是有效决策的基础。做风险评估时,至少要考虑到如下因素:

- 飞行员;
- 航空器;
- 环境因素;
- 可用时间。

典型的决策陷阱

决策陷阱

由于个性、期望以及群体间的相互作用等影响,导致飞行员在飞行中容易出现各种认知偏差,做出不当的决策。

同伴压力

在决策中因为感受到同伴的压力而追求表面一致,而不再尝试现实地评估其他可替代的方案,导致不当决策。

定势/固着

飞行员对某件事情已经有固定的看法或者期望,不能发现或应对环境的变化,导致决策失误。

锚定效应

飞行员由于固着于最初获得的目的或印象,影响和削弱判断力,从而忽视其他的可能选择。

投机心态

当天气或者设备条件低于最低要求或标准时，飞行员往往基于侥幸心理或不想接受失败而放弃较为谨慎的决策，转而寻求更为冒险和激进的行为。

总结

航空决策制订与当前面对的特定情境密切相关，它基于：

➢预期和愿望，这些因素会使信息觉察失真。

➢构建情景意识的任何不正确的心智模型。

不论我们对问题的看法是什么，在决策制订时，都必须保持一个开放的心态。飞行员应当：

抱最大的希望，做最坏的打算(Hope for the best;but plan for the worst)。

第十九章 需要、行为与动机

需要

需要是有机体内部的某种缺乏或不平衡状态，它表现为有机体的生存和发展对于客观条件的依赖性，是有机体活动的积极性源泉。人类的多数行为来自于需要，一般认为，低级需要的能量最大，随着低级需要的满足，更高级的需要逐渐占主导地位。

动机

动机是激发和维持个体进行活动，并导致该活动朝向某一目标的心理倾向或动力。动机水平与工作表现有一定的关系。一般而言，中等强度的动机水平有助于使个体处于较好的激活水平（唤醒状态），工作表现达到最佳；过高或过低的动机水平都可能降低工作表现。

动机可以分为内在动机和外在动机。内外动机影响飞行员工作满意度，影响飞行员的工作表现。应更多从内在动机角度出发，提高飞行员工作的积极性。

需要和动机与机组协作

机组成员之间的需要和动机不同，引发的行为也有差异，机组成员彼此之间认识到这种差异，是有效协作的基础。

反应性行为

大脑对外界刺激有三种反应性行为，分别为基于技能的行为（Skill-based Behaviour）、基于规则的行为（Rule-based Behaviour）和基于知识的技能（Knowledge-based Behaviour），统称为SRK模型，也被称作拉斯穆森模型，由心理学家拉斯穆森所提出。

基于技能的行为

基于技能的行为是通过练习而获得的，而且其获得和执行的过程中需要伴随有意识的思考。这两者共同作用才能形成这种基于技能的行为，其形成过程为：

- 将注意力集中在技能的某一部分，不断地练习，直到动作能够自然连贯地产生；
- 练习全部技能，将注意力放在最后的结果上，直至动作程序的形成。

一旦获得,这些技能就似乎拥有了某些特点:

- 想让其他人懂得这些技能并不是一件容易的事情。如果飞行员想把自己掌握的飞行技能传授给其他人,可能会出现一些困难;
- 如果这些技能需要修改的话,那么习得技能的整个程序都需要改动并重新学习。

基于技能的行为最终是以动作程序的方式来表现的,使用这种技能的飞行员可以立刻做出需要的动作,并将注意力集中于监控当前的任务上。但是,如果飞行员分心,疏漏了监控,也可能做出错误的操作。

飞行员需要有意识地监控所有的动作,特别是那些下意识的操作。

通常,只有经验丰富的飞行员才能够形成动作程序,才有错误运用动作程序的可能。

基于规则的行为

基于规则的行为需要短时记忆和长时记忆来共同完成。基于规则的行为被储存在长时记忆中,调用它还涉及大脑信息加工系统和反应通道。可以通过有意识的思考来避免自动化的运动记忆可能造成的错误。

模拟机、飞行程序训练等需要使用飞行手册和检查单的训练就是此类行为的很好的例子。可能出现的问题主要在于(如同众所周知的说法):

错进错出(Garbage in,Garbage out)

也就是当输入的信息本身就不正确时,选择的操作也往往不正确,由此出现的差错常常可以分为两类:**处置性差错**和**遗漏性差错**。

处置性差错的例子如:错误评估了当前的状况,从而导致错误的操作。遗漏性差错的例子如:有问题出现,需要处置,但飞行员却自认为没有必要去执行程序要求的操作。

基于知识的行为

基于知识的行为需要个体运用逻辑推理来解决问题。飞行员必须运用他们自己的思考来对问题进行评估并做出判断决策。通常,当没有现成的程序或办法来解决问题的时候,飞行员就必须利用他们的知识和经验来处理当前的情况,这就是基于知识的行为。

反馈

在执行任务的时候必须不间断地对行为及行为的后果进行监控。为了确保信息加工的顺利进行,我们必须使用内部与外部的反馈机制。

动机

人类的基本动机来自于生理需求,如吃、喝等。但是,人类也有来自于其他方面的动机,如心理需求和社会需求等。

成就动机是指人类为达成某些特殊目标的愿望。成就动机通常是多种动机的混合体,其中一种就是**工作满意度**,它混合了诸如经济报酬、与上级和同事之间的关系、工作环境、工作性质和多样性以及晋升机会等多因素。

提升工作满意度并不容易。单纯地增加工作报酬,在提升工作满意度方面只可能有暂时性的效果。如果要更具持久性地提升工作满意度,则和人际关系、工作环境以及工作的性质和多样性有关。

我们必须明确的是,动机会受到一些在工作中未直接涉及的因素的影响,如工资、休假的权利、被认可、职业安全感等。

马斯洛的需要层次理论(1943)

人类需要的满足是具有一定的优先顺序的。马斯洛提出了一个关于人类需要的三角模型。最低级的需要首先被唤起,并且也必须首先被满足。只有在低级需要被满足或部分满足后,高级需要才可能被满足。这个三角模型中最先出现的是生理需要,最高级的需要是自我实现的需要。我们可以用图19-1来表示需要层次理论。

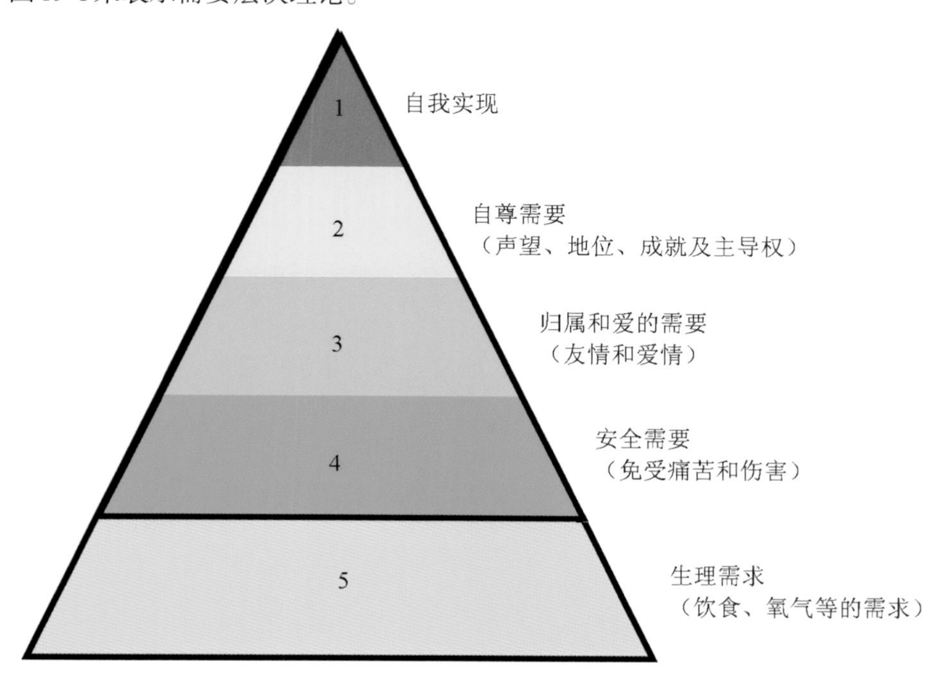

图19-1　马斯洛的需要层次理论

技能

技能可以定义为:将理论知识应用到特定情况的能力。

安德森模型(1982)

心理学家吉姆·安德森提出了一个模型,用于描述人类新技能的习得。他提出,人类新技能的习得经历了三个阶段:

- ➢认知阶段;
- ➢联想阶段;
- ➢自动化阶段。

第一阶段:人类获得了一个粗略的、概化的技能,仅适用于一般情景。此阶段作业表现效率低下,易出差错,由于需要不断复述工作步骤(如动作的顺序),因此工作记忆负荷较高。

第二阶段:此阶段人们的动作速度增加,各步骤衔接更紧密,用于复述工作步骤的所发出的声音降低。在这个时候,实际上的技能开始转化为程序性的知识。

第三阶段:由于技能更为熟练,人类可以更具选择性地寻找替代解决方案。

第二十章

人格和行为类型

导言

人和人是有差异的，这种差异在人类生长的早期就开始出现了。遗憾的是，这种差异可以使得，并已经使得人们的工作复杂化。

在人类发育的初期，表现得比较明显的是人们生理方面的差异。随后，心理方面的差异逐渐显现出来，比如人格、行为和智力等方面。

人们在日常生活中所表现出的人格和行为方面的差异在航空领域是非常重要的。特别是人们首次见面时表现出的行为特点尤为重要。

每一个机组成员都期望有一个令人愉快的座舱氛围，并尽可能与其他人和谐相处。一个友好、轻松的座舱氛围有助于形成良好的交流和沟通，提高情景意识，从而提升飞行安全。

关于人格和行为方面的阐述有很多。简单来说，**人格**指我们是什么，**行为**指我们表现什么。

工作关系

影响飞行操作最重要的一个方面就是机组成员之间关系的建立。人总是不断地和别人建立关系、解除关系，并且使自身能够适应周围环境的变化。

一个飞行员不应只着眼于和其他飞行员建立关系。事实上，从他进入工作状态的那一刻，就已经开始和别人建立关系了，比如停车场值班员、操作人员、客舱组成员、签派、机务以及空中交通管制员等。

本书第十七章关于交流与沟通的论述中已经表明身体语言和文字表达方式的重要性。另外，不应低估以下几点的重要性：

- ➢第一印象；
- ➢人格冲突；
- ➢文化和宗教差异。

为了改善座舱的沟通，飞行员有必要对人格、个人风格以及生活态度等方面有所了解和认识。

通过对这些特征的了解，很有可能得到积极的效果，从而改善座舱内的工作关系。

智力

任何人都有可能经过训练成为一名飞行员。当然，航空公司对初始飞行员有一个甄选过程，多数人无法达到相应的标准并会被淘汰。

智力不能影响一个人是否成为飞行员。但是,什么是智力？科学家已经进行了大量的工作去定义和量化智力。智商(IQ)已经成为人们评估智力的基准。遗憾的是,由于智力是个体普遍的、全面的、特质的综合体,现有的智力评估手段并不完美。

人格

人格是个体由遗传和环境决定的,实际和潜在行为模式的总和。人格标志着一个人具有的独特性,并反映人的自然性与社会性的交织。

更简单地说,人格可以描述为内在的人,是人格让每一个人成为一个独立的个体。所谓人格,是指:

➢人与生俱来的;

➢在成长过程中,受到了家庭、同伴以及教育的影响。

当形成期过去之后,人格就固定下来。当然,当受到外界创伤的影响时,人格仍然会发生变化,比如大脑受到车祸的强烈撞击就可能影响人格。

评估

有时需要评估一个人是否适合做一项工作。在一般情况下,可以通过两种方式对人进行评估:

面试

面试是对人进行评估的一种主观方式,且仅仅是个人观点。大多数人仅仅是依靠初次见面时的印象和表现来进行判断和评估,这种第一印象一旦形成,即便日后该个体的表现与第一印象不符,也不易改变。

问卷调查

问卷调查是利用一定的技术手段比如因素分析来得到结果的。有时,问卷上的问题看起来似乎是重复性的,但其目的都是用来对个体做出评价。

利用因素分析技术可建立一个用于评估人格特征的真实可靠的调查问卷,从而构建一个关于个人人格特征的文件库。麦尔斯·布瑞格斯人格类型量表就是其中的一种,已被广泛地应用于航空航天领域。

行为

行为类似于人们所选择的衣着,通过衣着可以判断一个人是准备参加葬礼还是烧烤聚会。

大多数人的行为是很相似的,因为人们在特定情况下会表现出特定的行为,就如同人们参加特定的活动会选择特定的衣服一样。人们应该为他们所做出的行为负责任。然而,令人遗憾的是,人们总是通过别人怎么看待自己来自我评价。

事实上,是以下两个方面支配着我们的行为:

第一印象	第一印象的形成是不可能有第二次机会的。
行为的交互影响	在通常情况下,别人怎么对我们,我们就怎么对别人。

自我观点(自我概念)

每个人都对自己有一定的认识和评价,包括想法、态度、道德价值以及承诺等。

价值观会受到人生阅历和生活期望的影响。比如那些成功和失败的经历,以及他人对这些经历的反应等,尤其是在个体的成长时期,这些影响更为深刻。我们是按照自己的价值观生活的,更为重要的是,我们依据自己的价值观评价别人。

精神世界的蓝图一旦建立,就会给我们提供一个观察、倾听、判断和理解一切事物的途径。我们以某种方式对待他人,他人也会有所回应,这会进一步对自我概念进行验证和支持。如果我们的自我概念是正面的,则会增强我们的自尊和自信。反之,负面的自我概念会使我们感到沮丧和自信的丧失。

防御机制

为了坚持自我观点,人们常会建立一种内在的防御机制,采用策略来对抗外界的压力。

防御机制通过强调和重视更为积极的一面,来掩饰人们内心虚弱或不安的一面。当压力来临时,防御机制通过接受和发展一种次优先但更易达到的生活方式,来减轻紧张的情绪。

同时,这种防御机制还能够减轻由于某些问题所带来的愧疚感,如把错误和缺点归咎于别人。举例,飞行员学员会把考试不及格归咎于教员没有教好。

否认

每个人都会时常为自己没有勇气面对生活而产生愧疚感。这本身就是一种自我防御机制。在极端情况下,当压力超过承受极限时,人们就会否认压力状况的存在。在紧急状况下,这可能会造成灾难性的后果。

对于一个飞行员来说,在重播录像视频时发现自己的错误是很尴尬的。请记住“Errare Humanum”,即人总会犯错。没有一个飞行员的飞行是完美的。飞行就是一个不断改正错误的过程。

内向和外向

内向(Introversion)和外向(Extroversion)是两个对立的词。前缀“intro”指向里或内部的,“extro”是指远离或外部的。内向的人把想法藏于内心,表现为害羞和社交活动中的含蓄。外向的人把想法表露出来,显示出合群的行为和自信。

内向和外向人格特征的形成主要是由于所持有的信念和信仰。外向和内向能影响人的行为,虽然活动和训练同样有可能改变行为,但其影响是表层的,在疲劳和压力状态下,深藏于内心的人格特征就会显现出来。在一般情况下,大多数人都处于内向和外向的中间地带,且轻微地倾向于两者之一。为了便于明了内向和外向的特点,我们分别阐述极端的内向和外向。

一个极端内向的人会极力避免和他人不必要的接触和挑战,甚至宁可和机器相处。事实上,内向的人独处时会很快乐,享受孤独和寂寞,并很少寻求自我改变。极端的内向通常伴随着缺乏自信和自我移情。

一个极端外向的人期望得到别人不断地关注，需要人与人之间的鼓舞和周围人的赞赏。外向性格通常有着高度的自信。相反，一个强烈外向的人在遇到工作或同事的挑战时，会感到不高兴。外向的人总是以过分自信和傲慢的形象出现。

想要使一个人改变他的行为，首先必须改变他的观念，这是非常困难的。很少有人会改变他长期形成的观念和行为习惯。如果要发生改变，首先应该是他们自己意识到有必要改变自己的行为，并认识到与这种行为相关联的观念。个人要接受这样的改变，可能会出现一段强烈的排斥期，并伴随愤怒。只有这样才可能最终发生人格上的变化。

外界环境也有可能改变信念、人格特征以及行为。事实上，一个人所看到的、听到的以及所做的事情都会对行为造成影响，无论有多小，影响总是存在的。这样，个人的信念、人格特征会随着时间和生活经历而逐渐改变，进而造成行为的改变。而大多数明显的变化一般都发生在当生命受到威胁或面临死亡的情况下。

行为模式

过去的经历和对未来的期望都会对人的行为造成影响。行为会受到过去生活经历的累积影响，而在座舱内，保持一种友好、放松的态度也会对他人的行为产生影响。

心理学家把人类的行为模式分为两个基本类型：

以关系为导向的行为模式　在这种行为模式中，个体首先考虑的是他人的感觉，并且在做决定的过程中，他人的感受也占据着重要位置。一个有着高关系导向、低任务导向的个体，在行为上表现为关心他人、鼓励他人。

以任务为导向的行为模式　在这种行为模式中，个体在做决定过程中首先考虑的是任务或目标。一个有着高任务导向、低关系导向的个体，在行为上表现出有进攻性。

直陈性行为

直陈性行为往往会表现出一定的进攻性，而进攻性行为通常会被看成是一种带有敌意的行为，因而直陈性行为通常具有贬义。可以说，采用直陈性行为的个体通常表现出伤害、损害甚至毁灭他人的倾向。事实上，直陈是一种尽最大限度达到目标而使用的手段和方法。从某些方面来说，直陈通常意味着：

➢确定且有说服力的表达；

➢维护自身权利的能力。

如果你是一个直陈性的人，那你至少要做到以下几点：

➢在工作中应该有主动性和首创精神；

➢能够将这种主动转化为行动；

➢不要让人轻易觉察到行为中的侵略性。

直陈性过高被认为是：

➢不合礼仪；

➢挑衅；

➢异乎常规。

当人们受到过分直陈的行为对待时，通常会有上述感觉。他们的反应通常可分为以下三类：

➢不舒服；

➢愤恨；

➢回击。

对直陈性行为这样的描述可能略显粗俗：为了取得最大限度的服从，直陈性行为已经成为一种无耻之徒（The Unscrupulous）才用的手段。为了完成任务，人们必须叩问自己的内心，其中最重要的是"我理解了什么是直陈性行为了么？"。我们可将直陈性行为分为以下三类：

无直陈性行为是指对于有问题存在，但不敢去面对这些问题所带来的困难。

这种行为意味着**缺乏自尊**。

进攻性行为是指以侵犯他人权利的方式做事情。

这种行为意味着**缺乏对他人的尊重**。

直陈性行为是指在不侵犯他人权利的前提下做事情。

这种行为意味着**尊重他人和自己**。

表20-1列出了每种行为类型的优点和不足：

表20-1　三种行为的优缺点

无直陈性行为	
优点	不足
给人以正直善良的感觉 使人感觉舒服 引导一种安静的生活状态	逐渐失去别人的尊重 可能会出现怨恨的情绪 他人会利用这种情况 无直陈性的人会提出他们的要求，但并不一定是他们真正所需要的 会逐渐丧失自尊
进攻性行为	
优点	不足
较弱的进攻性行为可以得到想要的结果 进攻性行为可得到别人的羡慕 进攻性行为让人感到强大和权威	他人会对进攻性行为感到不满和怨恨 进攻性行为很可能会招致报复和反击 从长远来看，人们会反抗进攻性行为
直陈性行为	
优点	不足
他人能够理解到直陈性行为的期望 他人不会有被操纵的感觉 长远和近期的目标都可达到 能够保持自尊	其要求可能遭到拒绝 对抗是不可避免的

可以说，缺乏自信时，个体的行为通常表现为无直陈性。对飞行员而言，其必须做到一方面表达自己的观点和意见，一方面又能够不带侵略性地影响他人。

直陈性行为提升信心

为了最大限度地减少冲突的发生，有必要禁止进攻性行为，而直陈性行为则能够提升内在的信念以及对自身能力的认识。

由于缺乏自信，无直陈性行为常常会导致误解和怨恨。

肢体语言

肢体语言和直陈性行为的重要性概括如下：

进攻性行为

整体状态：以夸张的方式表现出强势、无礼、嘲讽和优越感；
声音：紧张、尖锐、响亮、颤抖、冷漠、死寂、苛求、傲慢或者独裁；
眼光：无情、尖锐、漠然、凝视或者目光迷离；
站姿：双手叉腰、双脚分开、挺直坚硬、粗鲁且飞扬跋扈；
双手：紧握、唐突的手势，用手指指点点，用拳头重击。

无直陈性行为

整体状态：用行动代替语言，希望别人能猜到他们所想的，表现为明显的心口不一；
声音：微弱、迟疑且柔软，常常犹豫不决；
眼光：游离、萎靡且带有恳求意味；
站姿：倾向于寻求支持，屈身驼背，不住地点头；
双手：烦躁不安，不知该放哪里，冰凉。

直陈性行为

整体状态：彬彬有礼地倾听，自信的举止，善于交流，富有爱心且坚强；
声音：坚定、温和、悦耳的声调且放松；
眼光：双眼睁大、真诚、有目光接触但不会凝视；
姿势：保持平衡、直立以及放松；
双手：放松的手势。

直陈性行为的特征

直陈性行为兼具极端的进攻性行为（不存在无礼的拒绝）和极端的无直陈性行为（不存在自我的丧失）两者的特征。直陈性行为反映人的想法、欲望和需求的真实信息。可以确信的是，其表达强势，但使对方无被支配感。

直陈性行为用得越频繁，就会越容易。当我们尊重自身的权利时，很有可能就会以同样的方式尊重他人的权利。

进攻性行为会否认他人的权利,而无直陈性行为又会忽视自身的权利。

自律

自律是指行为主体的自我约束与自我管理,通常以事业心、使命感、社会责任感、人生理想和价值观作为基础。

第二十一章

领导/下属关系

导言

领导能力一词适用于整个驾驶舱。但是，要将真正的领导与任命区别开，不能混淆。任命往往是被指派的，而领导能力则是一种后天培养的技能。所有的飞行人员都必须意识到他们在决策过程中所应承担的领导责任。

领导能力能够集中全组人员的力量，并激励他们去完成任务。在驾驶舱内，机长作为指定的领导者，指挥飞行，并承担相应责任。在现代航空运营中，在飞飞行员被称为功能性领导，在临时的特殊飞行任务中负责的飞行员则会被称为责任机长。

领导者素质

一个领导者应保持恒心、毅力、态度积极并与时俱进。在一般情况下，领导者应当比其团队多考虑一步，但如果太过超前，则可能会使得团队无法跟上。

高效的领导者通过观念和行动来影响整个团队的思想和行为。他是改革团队，是对团队施行影响的中心人物。

领导技能

自有航空器以来，领导技能就在不断发展。一些特定因素决定着一个飞行员领导能力的高低，而这些因素往往又取决于这个飞行员在驾驶舱内是如何学习成长的。

绝大多数领导者执行四个主要职能：

组织：作为领导者，其职能之一是组织好大量的信息。领导者必须能够对大量的信息、想法及建议进行整理和组织。这里的领导者可以是指挥者，也可以是飞行中的飞行员。

组织这一职能包括：

- 交换飞行信息；
- 询问看法与建议；
- 给出看法与建议；
- 沟通与澄清；
- 反馈信息；
- 组织人员参与。

协调：领导者的另一个职责是指导并协调下属的行为。指挥者往往有以下责任：

➢指导并协调下属的行为；

➢监督并对下属的表现进行全面的评价，这其中可能包括自我评价；

➢提出计划和发展方向；

➢判定优先级，是任务优先还是人员优先。

激励：领导者同时会激励下属成员。以下所列可以帮助营造积极的氛围，从而保持高水准的作业表现：

➢营造令人愉快的工作环境；

➢保持开放的座舱氛围；

➢通过直陈性行为解决好冲突；

➢保持良好的人际关系；

➢任何时候都不限制评论和反馈，并虚心接受其他组员提出的批评及反馈信息。

决策：领导者对决策负有最终责任，这包括：

➢对决策担负责任；

➢从各种渠道获取并评估信息；

➢制订决策；

➢实施决策并解释；

➢对所有操作收集反馈信息。

人/目标(P/G)模型

描述机组协作配合的一种方法是建立以人为导向和以目标为导向的P/G模型，如图21-1所示。

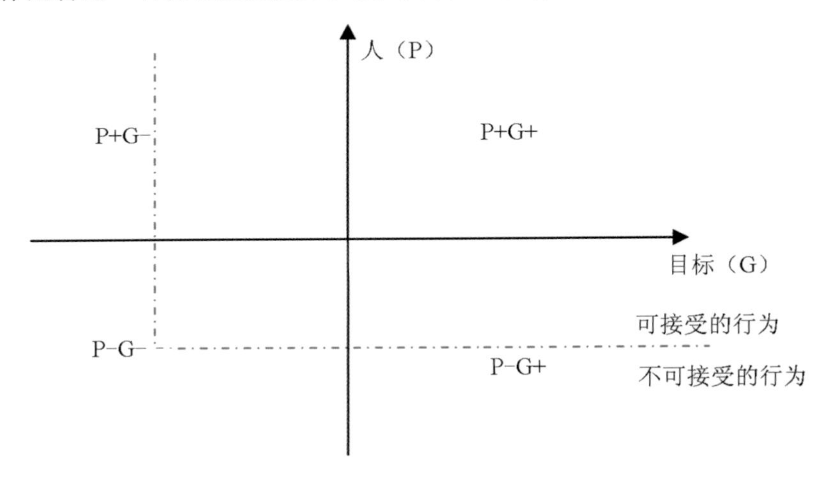

图21-1 P/G模型示意图

此模型探讨的是完成任务(G)与对相关人员(P)关注之间的平衡。

P+G-型领导者——民主型领导者，此类人是友好的领导者，他们对完成任务的意识相对淡薄，对冲突的处理只保持最低限度的调解，倾向于由当事人自己找到解决方法。民主型领导者是：

➢有活力的；

➢通情达理的；

➢敏锐的；

➢令人愉快的；

➢有保护意愿的。

以上特点在与人交往时均为值得称道的品质，但在极端情况下则可能使驾驶舱内的情况失控。

P−G−型领导者——时间服务型领导者，又称为“自由放任型”或“自治型”领导者。这种领导的特点是既不关注工作，也不关注为之工作的人。这种领导风格往往导致最糟糕的工作表现，因为没有人愿意接受其拙劣的领导。这种领导的主要表现是：

➢规定宽泛；

➢不能接受，甚至是不能试着接受反对意见；

➢使团队内部士气低落。

其表现出的负面特征为：

➢漠不关心；

➢态度冷淡；

➢行为被动。

P−G+型领导者——强硬型领导者，此类人过于在意任务的完成而不考虑其他人的感受。此种领导者的专横使得其他人的经验被忽略。在极端的情况下，团队中的人甚至不乐于提供任何帮助。独裁者指出方向，以粗鲁及使人感到轻视的方式希望得到下属的无条件服从。这些不可接受的特征表现在：

➢专横；

➢霸道；

➢独裁；

➢盛气凌人；

➢无情。

P+G+型领导者——理想型领导者，此类人是有主见的，同时关注任务目标和人员状态，使得这类领导者赢得了团队的敬重和忠诚。这种领导方式促使所有人乐于献计献策，而且所提出的建议都会得到尊重并被认真考虑。这种领导的特性表现在：

➢有建设性；

➢直截了当；

➢就事论事；

➢富有表现力；

➢有主见。

领导才能——领导者

不管在何处招募人员，他们对领导者总有相应的期望，如何才能成为一名高效的领导者？有句古语为：

(好的)领导者是天生的，而非后天培养的(Leaders are born, not made)！

有些人天生具有领导才能，但这样的人为数不多。因此，怎样才能培养出领导才能呢？

领导特质

通过对天生的领导者其个人特质的研究，可能会发现使他们成为高效领导者的那些特质。通过研究能够发现各种特质带来的正面及负面效应。表21-1中的数据取自Mann(1959)的研究，总结了在个人特质及领导才能之间正面及负面关系的百分比。

表21-1　各种特质的正/负面效应比例

特性	有此特质的数量	有正相关关系的百分比	有负相关关系的百分比	无相关关系的百分比
智力	196	46	1	53
适应能力	164	30	2	68
外向性	119	31	5	64
支配欲	39	38	16	46
男性	70	16	1	83
保守性	62	5	27	68
敏锐	101	15	1	84

但是，现有的所有有关领导特质的研究，都无法确定何种特质组合是最有效的。

环境方法

由于无法定义一种最有效的特质组合，领导特质理论被认为是失败的，研究者又转而开始使用环境分析法。此理论认为，正如丘吉尔一样，领导者由时势造就。

在所有的通过环境分析法研究有关领导才能的项目中，人们发现，当一个人由于某种原因被指定为领导者后，在较短的时间内，组内的其他人就会表现出对被指定的领导者的自然认可。如果领导者是被指定的，如在驾驶舱，那么责任机长被任命本身就已经奠定了领导的基础，当然，这仍然要求其实施有效的领导。

高效的领导才能

以下是被广泛承认的作为高效的领导者所应当具备的特征：

胜任能力　专业的胜任能力对于驾驶舱中的领导是必需的。好的技术及飞行技巧会激励团队队员。

交流能力　交流能力是指能够清晰、准确地传递信息，并有良好的聆听技巧，以使相互交流和评价成为可能。在此相互作用中，个人的情感应排除在外。

决策能力　决策能力是指基于当时的环境，通过各种有用信息做出一系列合理决策以解决问题。

毅力　毅力是指领导者不管面对多大困难，都应当坚持完成任务。高效的领导者往往坚信问题是能够解决的，并努力尝试找到解决办法。

情绪稳定性　领导者在绝大多数条件下应保持良好的自我控制力。个人情绪绝不应当影响决策的制订。

激情　激情指完成任务的决心。当领导者有此决心时，其下属往往能有上好的表现。

职业道德　好的领导者往往被认为是在任何时候都能够具有并保持高水准的专业操守。

认可　自信的领导者总是对来自他人的帮助表示认可。

敏锐　领导者应意识到自己及他人的压力和疲劳状况，以使超负荷的情况不会进一步严重化。

灵活　灵活的领导人能适应不同的问题情境。实质上，灵活性很重要，因为没有哪两个紧急情况是完全相同的。

幽默　卓越的领导者在座舱内会表现出积极的幽默感。某些人的幽默表现形式是不当的，可能是对另一人的冷嘲热讽。这种消极的幽默表达方式会伤害他人并破坏团队工作的效率。

对于领导的态度

对某人的好恶在任何时候都可以破坏一个高效率的团队。而这种好恶往往是源于对某个情境或问题的个人观念。大多数的工作态度来自于潜意识并表现在行为活动中。

很多危险态度会影响飞行工作，它们包括但不限于：

反权威态度　这种人讨厌别人告诉他该做什么。在他们看来，规则及制度都是愚蠢或无必要的，这种态度可能使得驾驶舱内产生不安全氛围。要明白，**即便一名飞行员面对真正的权威，在他认为必要的时刻，都有权质疑权威**。

冲动性态度　此种人是“驾驶舱内的飞行武器”(the Flying Arms in the Cockpit)。他们会对任何问题马上做出反应。这种缺乏细致思考、急于做出反应的行为会在极端情况下产生证实偏见。

侥幸态度　持有侥幸态度的个体认为“这种事绝不会发生在我身上”。这种人相信意外只发生在他人身上。有此种态度的飞行员会有更强烈的冒险倾向，更可能采用不安全的操作方式。

炫耀态度　有人认为炫耀态度只会出现在男性身上，但实际上对女性来说，它也是个问题。这种人总是需要证明他们比其他人强。

屈从态度　屈从态度指有着“无所谓”或“这有什么用”想法的飞行员。这种飞行员不相信他们可以改变环境，如果他身旁有更有主见的飞行员，则可能导致他接受一些不合理的风险。

自鸣得意　飞行活动的高度自动化使得飞行员习惯于让计算机操控一切，“计算机总是对的”这样的观念往往使飞行员忘记监控和做检查。

无效的领导

无效的领导表现为：

- 过于严厉的控制；
- 仅关注任务本身，而忽视人的感受；
- 避开冲突；
- 和其他机组成员保持距离；
- 表现不一致；

➢忽视其他机组成员传递的信息，轻视甚至是无视其他机组成员；
➢讽刺他人；
➢说话不直接，拐弯抹角。

大多数机长不会采用这种领导风格。相反，许多机长发展出的领导风格是鼓励其他机组成员的直陈性。

驾驶舱职权梯度

驾驶舱职权梯度主要有三种：

专制的驾驶舱

专制的驾驶舱是指机长将自己的观点强加于其他机组成员，并且不允许其他机组成员提出意见。在这种状态下，驾驶舱内很少或完全没有授权，机长与其他机组成员是隔离的。机长将机组成员的所有建议和意见视为批评，甚至是违抗命令。

毫无疑问，一旦问题变得比较严峻，机长工作负荷过大时，驾驶舱氛围就会很紧张。

通常，当机长本身缺乏自信，试图使用机长的权利来强行控制他人或掩藏自己的弱点时，就有可能产生此种情况。当机组成员经验差距较大，或者机长性格较强，而副驾驶性格又较弱，更倾向于屈从时，也可能产生此种情况。

自由放任的驾驶舱

在自由放任的驾驶舱中，机长是积极的，能够接受其他机组成员的建议及决策。座舱内的氛围是轻松的，机长则努力使人感到愉快。

在这种情况下，要么是其他的机组成员担当领导角色，以填补权力空缺；要么机组成员各干各的，互不干涉，最终形成**各自为政**的座舱氛围，不论出现上述的任何一种情境，都会导致显而易见的内在危险。

协作的驾驶舱

协作的驾驶舱是理想的。以机长的领导为主，机长鼓励机组成员勇于表达自己的意见和建议，并给予建设性的反馈，从而不断提高他们的技能；在责任明确、授权清晰的前提下制订和执行飞行计划；信息得到有效分享；机组成员积极参与决策的制订；有建设性的简述不断将飞行工作向前推进。

最终，这种领导方式使得机组成员的积极性被调动起来，座舱氛围是积极又专业的。

机组成员的职责划分

机组成员的职责划分可简要总结为：

责任机长（他/她）主要负责指挥飞机、做出决策并承担责任。他们的主要职责是尽可能保障乘客和机组成员的生命财产安全。

他/她必须拥有飞行手册及掌握相关的航空法规、条款所要求的知识和技能。

副驾驶接受机长的指挥，协助机长安全、高效的飞行。

当机长出现失能，不能有效行使职能时，由副驾驶接替飞机的指挥权。

其余的机组成员接受机长指挥，协助机长保障飞行安全。

想要进一步详细了解机组成员的职责，请查阅相关航空法规的规定。

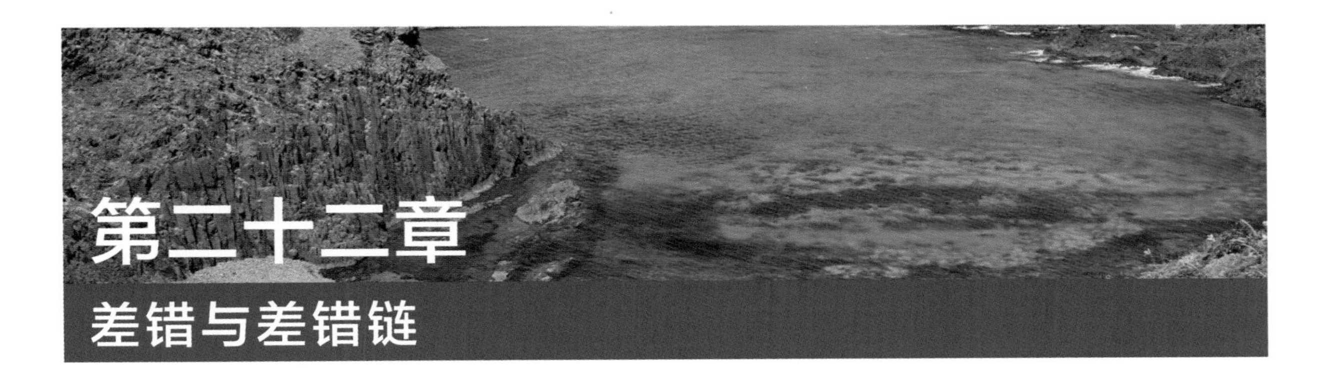

第二十二章 差错与差错链

导言

我们都部分经历了其他人的事故。

例如：

➢有多少读者在开车的时候出过事故？

➢有多少读者在开车的时候差点出了事故？

在65%~75%的民航事故中，人为差错被认为是主要的事故因素。有一种看法认为事故是差错链被激活的结果。

人为差错可以分为处置性差错和遗漏性差错。

处置性差错就是飞行员**错误地执行**了某种程序或操作，或执行了不需要的程序或操作，而产生了意外的、非预期的结果。

遗漏性差错即飞行员**忽略了执行**所要求执行的程序或操作。

差错链

大多数事故都源于多个因素的综合而非单个因素所致。事实上，事故是一系列差错的产物，这些差错源于一系列的判断错误，并包含多种飞行员—飞机—环境因素。这一连串的差错被称为“差错链”。识别这些单个差错，避免它们或在它们发生时将其纠正，就能够中断差错链并阻止其继续发展产生事故。

一个不当的判断将增大另一个判断的错误概率。机组人员从飞机和环境中获取信息并据此做出判断，如果这些信息是准确的，机组就不大可能会做出不当判断。否则，一个不当判断可能会带来更多的错误信息，而这些信息又会对接下来的判断产生消极的影响。

若差错链不断增长，安全飞行余度也就越小。因为，每当飞行员做出一个选择，其选择的余地就会更小。

对于现代客机的飞行员来说，了解差错链如何产生，以及如何减少人为差错的影响是十分必要的。差错链示意图如图22-1所示。

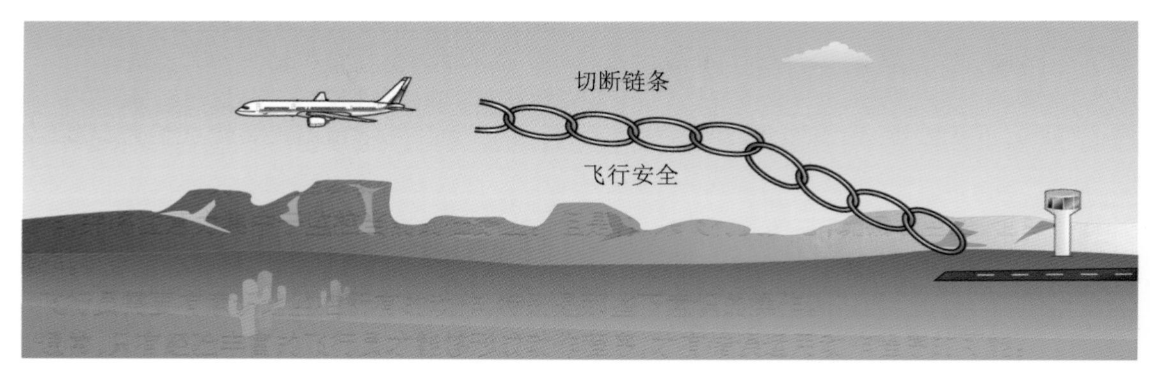

图22-1　差错链示意图

差错链中的相互联系

在任何一个差错链中，识别某些线索就能中断链条。简单地来讲，中断差错链的线索可以分为两类，即操作类差错（见表22-1）和人为差错（见表22-2）。

表22-1　常见的操作类差错

未达到既定目标	未达到既定的飞行目标如ETA、空速、最低进近速度等。公司所要求的操作程序被忽略或被遗漏等。
标准的操作	不论故意与否，偏离SOPs操作都将使飞机处于危险境地，制定SOPs的目的是引导飞行机组使用合理的方法去解决遇到的问题。也许SOPs没有包括飞行的所有方面，但是它提供给飞行员一个有效解决问题的方法，特别是在时间紧张的飞行阶段。
超过最低限度	不论故意与否，任何违背最低限制或操作标准的行为都将使飞机处于危险境界。
无人驾驶飞机	在整个飞行阶段，飞行的进程都需要监控。如果将一切都交给飞机上的自动装置，事故就有可能发生。

表22-2　常见的人为差错

贫乏的交流	如果陈述的问题所包含的信息不完整或信息缺乏准确性,这类贫乏的交流会引发问题。因为当机组成员在知识层次上有差异时,情景意识也会有所不同。
模糊的指令	如果信息来源不能统一,机组就有可能存在证实偏见。因此,有时候最好先检查一下指令中潜在的混淆因素,以便明确事实。
情景意识差异	在信息持续变化的情况下,所有机组成员对信息的变化保持持续更新就变得至关重要。
注意力分散和固着	一旦注意力被集中在某一个问题上,大脑就会只集中处理这一个问题。由于人类的注意力容积有限,有可能在关注某个信息的时候,丢失其他信息。注意力分散是由于外部影响和对飞机的飞行进程缺乏关注。
混乱	在处于混乱状况时,飞行机组无法彼此提供帮助。在这种时候,找到解决问题的方法、达成一致意见成为必要。
缺乏实践	如同众所周知的"劣化效应"。

当然除以上所列操作类差错和人为差错外,还有其他的一些因素。表22-1和22-2中所列出的这些差错是中断差错链的主要方面。

中断差错链

为了中断差错链,机组首先要察觉问题的存在。为了确保安全的飞行,机组需采取以下措施:

- ➢识别问题;
- ➢对问题进行交流;
- ➢确定问题;
- ➢决定采取行动解决问题并中断事故链;
- ➢评估行动并确保问题不再出现。

人为差错的层次

由于飞行的特性,差错经常发生。差错链是人为差错的结果,不能单独和飞行联系在一起。人为差错分为三个层次,即:

疏漏　如果信息不准确或者交流不充分,就会出现疏漏。疏漏反映了是否已形成良好的反应习惯。通常,视觉或听觉反应容易被疏漏,这意味着应激水平上升。

错误　其出现的条件是因为个体认为他们必须在规定时间内完成任务,匆忙致使飞行员读取简单的任务时出现错误,如航迹和时刻等。

差错　由于正确或不正确的信息,产生的错误动作导致差错出现。因为差错是以动作为表现的,所以它被列为人为差错中最危险的形式。

人为差错的纠正

上面每一个层次的差错在发生时都可以纠正。

疏漏 通过让疏漏的人明白差错来纠正一个疏漏。

错误 在做飞行计划、简令或执行阶段，一旦发现存在误解，就应质疑并修订计划。

差错 座舱中保持警觉的两个飞行员可以纠正差错，当然，每个飞行员必须有能力用肯定的行动使另一个人警觉他的差错。

为了确保人为差错得以纠正，需要一些差错管理。吉姆·瑞森建议有效的差错管理系统必须包含以下几个要素：

操作者 任何参与飞机操作的人。

任务 当前的飞机状态是什么。

驾驶舱 飞行员及他们与飞机的交互影响。

组织 公司及其周边设施。

人为差错可能发生在任何时间点上。多数差错已经在航线训练中出现过了，即便没出现，训练中也已经有了一定的预期。航空公司制定的标准操作程序，覆盖了绝大多数飞行情境，以试图排除人为差错的可能性。但标准操作程序并没有包括每一个飞行情境，如果出现了标准操作程序不能处理的问题，飞行员必须以其拥有的知识为基础来做出反应。

团队态度

差错可能由以下的任何一个方面的原因引发：

同伴压力 有时，某个团队成员不提出异议，是想让自己融入团队，不想表现得与众不同。

屈从 某个团队成员赞同更危险的进近，这也称为“风险偏移”。

知识 团队中的某个成员不及时传递信息，造成一种事实上的信息不对称，因为他们认为，知道得越多意味着力量越大。换句话说，他们认为“知识就是力量”。

合理化 如“到了夜里，天气就变好了”。

SHELL模型的界面

在第一章中所介绍的SHELL模型（如图22-2所示）提供了一个与人交互的概念模型。

图22-2　SHELL模型

SHELL模型的各个交互界面外形并不匹配，说明在这些界面上容易出现差错，是差错最常见的来源。

差错发生于：

- ➢人—硬件界面　开关和操纵杆的分布不合理或编码不正确，就可能出现问题。为了符合人的特性需要进行控制系统和显示系统的设计。
- ➢人—软件界面　如果需要从混乱、有误导性或极端凌乱的文件、图表中获取重要信息，便会出现延误和差错。此类问题与信息的显示和计算机软件的设计有关。
- ➢人—环境界面　其包括噪声、高温、照明、空气质量、振动等因素，还包括由人体生物钟扰乱引起的疲劳。
- ➢人—人界面　其指人与人之间的交互作用，通过有意识的关注和训练能够增强机组人员之间的合作和交流能力。
- ➢人(飞行员)本身　人的各种局限性导致的差错，认识并了解到人本身的局限性能够对此有所改善。

进一步控制人为差错，能够将不良影响或差错后果减到最小，以提供更大的余度。这些措施包括：交叉检查、机组协作以及安全装置设备设计等。

第二十三章 自动驾驶系统

导言

飞机制造商引入了由英国皇家空军于1927年设计的“T”形仪表盘，由此，现代飞行器的仪表布局有效降低了飞行员的工作负荷。

现代飞机驾驶舱使用如图23-1所示的仪表盘布局。图23-2是一个简单的设计，但是这种设计也遵循基本的“T”形布局原则。

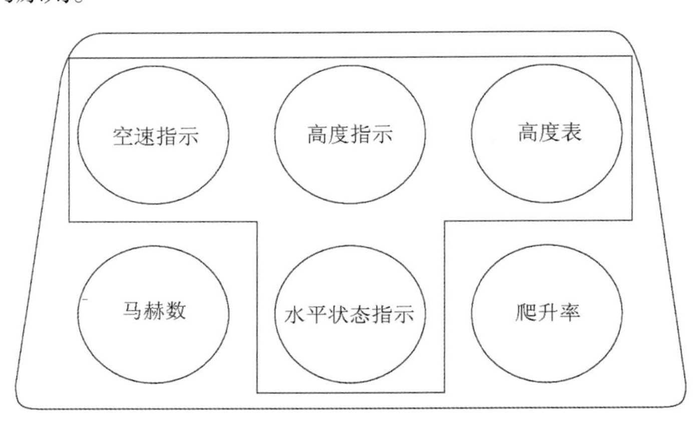

图23-1 “T”形布局的仪表盘示意图

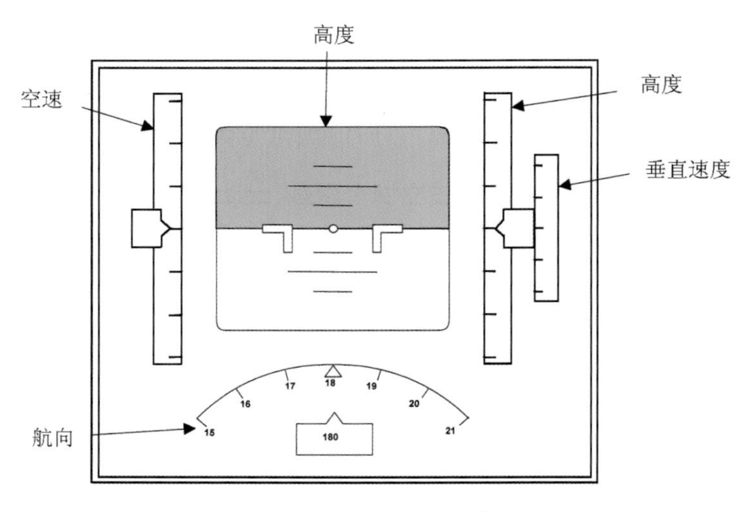

图23-2 遵循“T”形布局原则的仪表设计

随着自动驾驶技术的发展，飞机的操纵也发生了变化。自动驾驶系统能够为飞行员提供：

➢完成飞行任务的替代性方案；

➢有更多的精力来完成手中的任务。

现代飞机越来越多地使用自动驾驶系统，其本质在于：

➢自动系统具有可靠性和可预测性；

➢仪表易于读数，不会或极少会产生误解；

➢飞行员很容易理解系统的局限性和操作限制。

如图23-3所示的三指针高度计容易出现仪表指示解读错误：

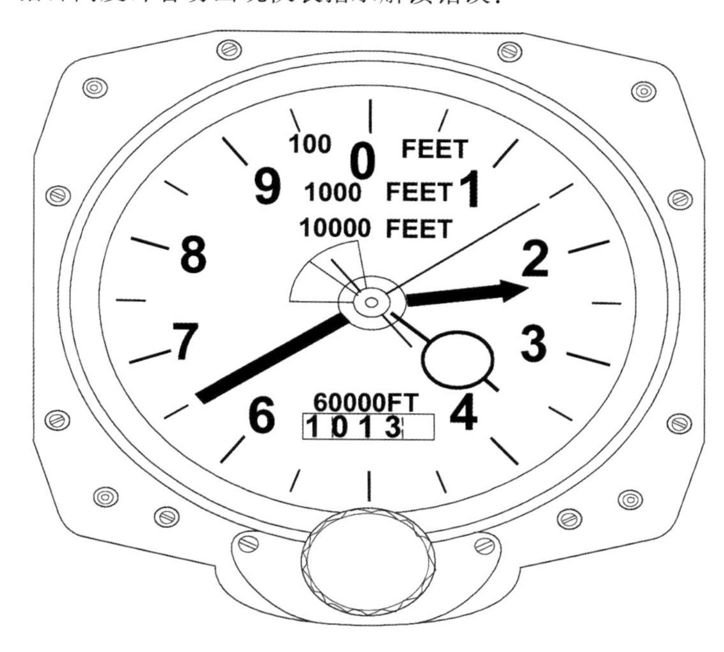

图23-3　三指针高度计

尽管仪表指示很准确，但是比较难于读取而且在读数的时候容易出错。

平视显示器

在这个系统中，在飞行员和风挡之间有一个透明的屏幕。飞行时的必要信息都显示在上面。飞行员的视线可以穿过这半透明的屏幕看到舱外的情况。然而，飞行员的注意力需要在显示屏和驾驶舱外部环境之间进行切换，这需要适当的注意力分配。

听觉警告系统

有限使用听觉报警的设备如近地警告系统（Ground Proximity Warning Systems , GPWS）和空中防撞系统（Traffic Collision Avoidance Systems, TCAS），已经获得了成功的应用。

飞行机组的作用

飞行机组在飞行时,有4个主要作用(Abbott 1993):

飞行管理　控制飞机
交流管理　在飞行过程中对内部和外部的交流进行监控和反应
系统管理　在飞行过程中对自动驾驶系统进行监控和操纵
任务管理　管理与飞行相关的任务和资源

飞行器设计中的人因概念

人因工程师首先考虑的就是相应设备和仪器是否适合飞行机组。在设计飞行自动驾驶设备的时候,多数设计者和制造商会考虑如下问题:

➢为飞行机组整合安全观念;
➢满足机组最小工作负荷的要求;
➢系统功能容易理解,以便监控;
➢有较优良的人机界面;
➢综合信息流;
➢仪表和系统容易矫正;
➢容错性较好。

自动驾驶系统被认为是能够部分甚至是全部替代飞行员。显然,设计要求达到的自动化水平决定了人机界面的功能。

自动驾驶系统的常见问题

计算机技术的迅速发展推动了驾驶舱自动化的发展。新技术具有显而易见的优势,但是如果飞行机组对自动化设备管理不善,仍然会发生严重事故。一旦发现自动化系统的缺陷,该问题就会被改进。最容易出问题的地方如下:

训练　能够覆盖常规飞行中的必要操作,但是在受限模式下运行系统的话,这些训练是否足够?过度地依赖计算机会使飞行员的飞行技能下降,特别是NDB进近能力。

设计上的哲学观念　设计者与使用者(飞行员)割离的问题多年来一直存在,如果双方能够有效磋商,很多问题在飞机制造之前就能够得到修改。近年来,随着概念的引入,一些根本性的问题已经发生了改变,比如侧杆的控制问题等。

情景意识和胜任性　在整个飞行过程中保持情景意识是很重要的。现代系统的可靠性和准确性让飞行员认为它是不会出错的,导致他们过分依赖自动驾驶系统。由于自动化系统的使用,降低了飞行员的工作负荷,飞行员容易感觉到无聊并变得松懈。这样,当飞行员碰到紧急情况时,其反应时间会变慢,而且容易出错。

设计上的保护问题　不同的生产商在设计保护措施时采用的方法也不一样。一些生产商

	设计的系统容错性不好，而一些生产商设计的系统容错性很好。不管是什么样的系统，机载警告系统应该保证计算机和飞行员能够协同工作而不是相互不兼容。
手工操控	如果情况恶化，对飞行员来说，必须有一个手动补救的方法。经常有这样的事故发生，当系统出现问题时，飞行员无法恢复为手动操纵，飞机仍然按自动驾驶系统的程序飞行。
信息管理	如果信息太多，则会让飞行员感到混淆和过载。如果信息输入需要的时间太长，就意味着用来观察和交流的时间减少。一些机型能够做到由当前任务来决定显示何种信息。
自动驾驶管理	认为计算机总是对的容易导致飞行员犯错误。
交流	缺乏信息分享的意识会导致交流和程序操作的中断。

航空业的需求

为了确保新的自动驾驶系统符合飞机性能标准的需要，航空业遵循以下准则：

➢在生产前，自动驾驶系统的设计必须经过评估和检查；
➢针对自动驾驶系统，某种形式的人的因素认证必须是可行的；
➢必须证明所有设计的有效性；
➢飞行员的作用必须有明确的规定，包括任务管理的责任；
➢必须有相应的训练课程，以确保覆盖正常操作情况和受限操作情况；
➢所有仪表的显示必须标准化，并且是彩色的。

飞行机组的职责

飞行机组的职责是确保操作安全，不论是正常操作程序还是紧急操作程序，飞行员都应该有能力履行这一职责。

正常情况下的操作：所有的选择和操作都应该由正副驾驶共同检查。一名飞行员执行操作时，另一名飞行员检查。必须记住：

➢自动驾驶系统不能代替飞行员，但是可以帮助飞行员减轻工作负荷和提高情景意识；
➢必须持续监控飞行参数。

紧急处置程序：飞行员应当保持飞行状态稳定，并遵循以下原则：

➢发现问题后要从容处理；
➢遵照飞机ECAM（电子中央监控系统）的操作指令；
➢当要完成一个不可逆的操作时，两个飞行员都应当进行检查，以确认操作。

自动驾驶系统小结

自动驾驶系统有利有弊。然而，始终应谨记不论是计算机还是人都可能出问题，计算机会失灵，人会犯错。以下列出了自动驾驶系统的利弊。

自动驾驶系统的优势

➢自动驾驶系统可以接替飞行员的工作，让飞行员有更充裕的时间去应付其他的、更需要智力参与的任务；

➢让飞行员摆脱日复一日的机械工作；

➢可以减少机组成员数量；

➢更好地控制飞机系统，让飞行更加经济。

自动驾驶系统的劣势

➢使飞行员退化成只会按按钮的人（Button Pusher）；

➢飞行员会失去对工作的兴趣；

➢使飞行员在处理非标准程序问题的时候失去可贵的灵活性；

➢会导致飞行事故；

➢需要完备的监控系统，会增加飞行员的心理负荷；

➢飞行员的动手操作能力得不到练习；

➢会产生无所事事和自鸣得意的感觉。

自动驾驶系统控制飞机导致的事故（据FAA近几年的调查）主要原因包括：

➢飞行员对他们使用的自动驾驶系统了解不充分；

➢当进入飞行员不甚了解的飞行模式时，飞行员容易出现困惑；

➢人－软件界面匹配不良；

➢当系统的模式发生变化时，没有足够的提示信息；

➢过分依赖计算机；

➢没有可用的标准操作程序。

应该注意到上面所列的多数问题都与人的因素相关。自动驾驶系统能帮助飞行员，也会使飞行员犯错，严重情况下会发生飞行事故。为了最好地利用自动驾驶系统，飞行员要训练有素，并保持适宜的状态，以激发较好的工作表现。

自动驾驶的管理

机组确保内部任务明确、充分估计可能出现的问题、人机之间合理分配任务，确保机组对自动化系统的监控，并保持机组间的交叉检查，力求使飞行机组能获取所需要的信息，保持飞行员对自动化的信任，飞行员与自动化相互监控，等等，都有助于预防和克服自动化的不足。

第二十四章 学习和学习的方式

导言

在学习的过程中，人们很少去考虑学习规律。一般来说，学习规律用于指导人们如何去学习。这些规律分为两类：

➢学习材料呈现的方式；

➢人们的学习方式。

学习环理论

人们所设计的训练程序应该与训练的需要相匹配。在本书中，人的作业表现和局限性属于JAR-FCL大纲所要求的理论知识课程。本书所学习的内容包括理论方面和实践方面：

➢我们首先学习理论方面的知识，然后进一步把这些理论知识运用到实践中去。例如：我们要获得这些知识以通过**人的工作表现测试**。

➢我们通过直接的行动获得实践知识。例如：我们通过生活经验能够学习到，如果铁锅的锅柄是红色的话，就表明它很烫；如果它是黑色的话，就表明它是凉的，并不烫。

学习的形式多种多样，如：

条件反射：来自于行为主义的方法，主要是基于生理的反应（如一个经验丰富的飞行员在紧急情况下的本能性反应）。

观察模仿：通过观察学习然后进行模仿。

理解顿悟：理解和记忆飞行技能。

经验习得：从错误中学习，通过实践来进步。

所有的学习都需要动机、观察、注意、练习和反馈等环节的参与。

戴维·库伯在1984年进一步把这种学习过程归纳为一种循环的学习方式，也称学习环。这是人类学习过程的简单模式，如图24-1所示。

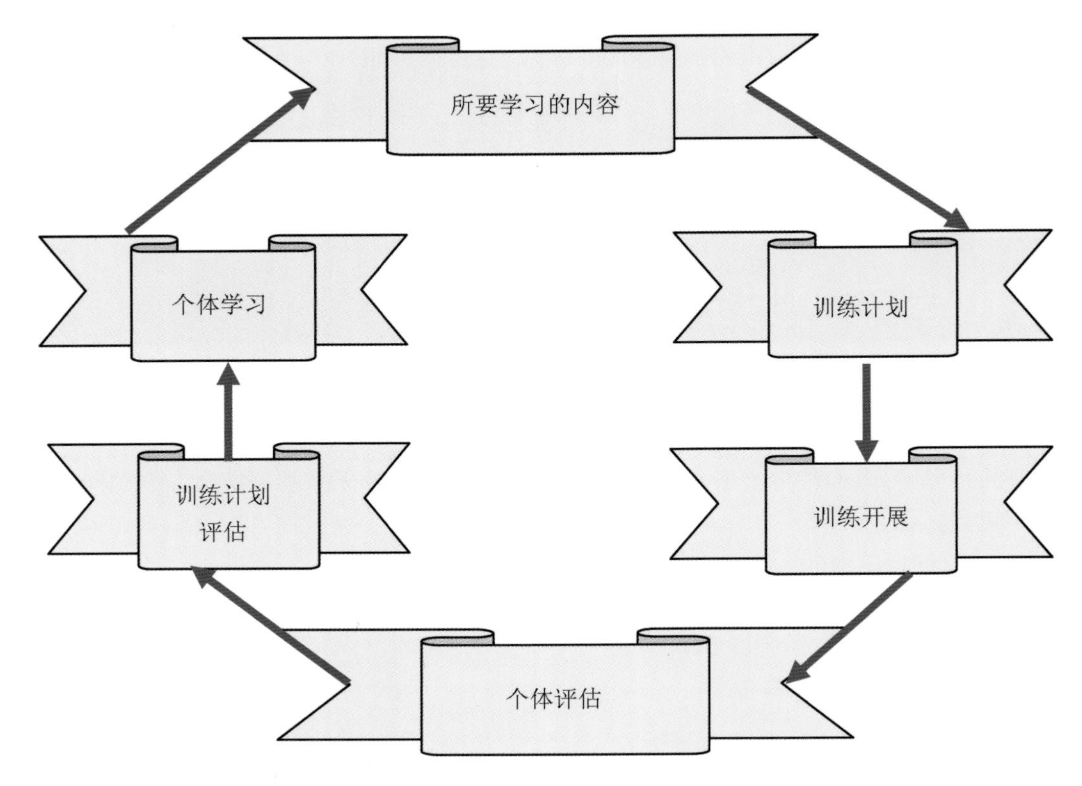

图24-1 戴维·库伯的学习环理论

这种学习模式并不像它看上去那么复杂。实际上,我们可以在这个学习循环的任何一个节点上进入学习。

库伯的学习环可以进一步简化为四个部分,如图24-2所示。

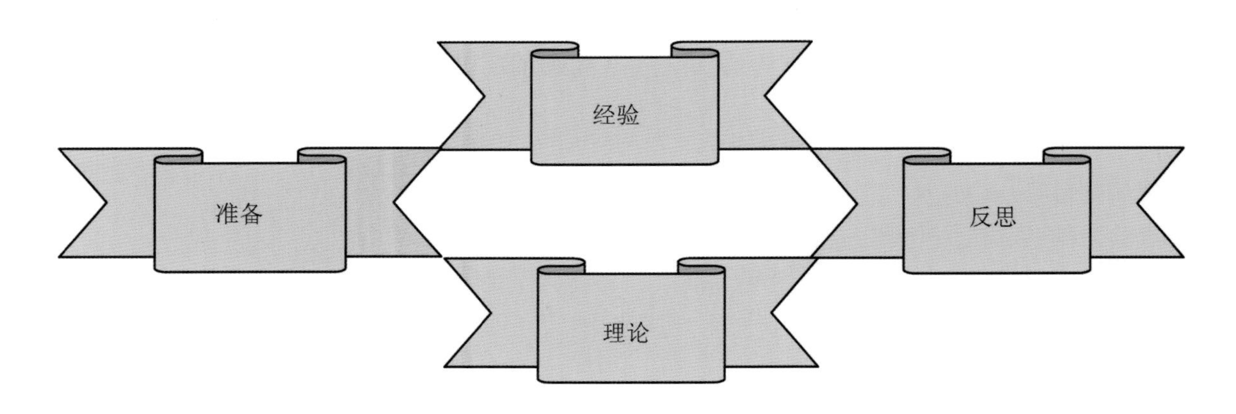

图24-2 简化的学习环理论

上述的四个部分可以做以下扩展:

具体经验 一旦个体获得任何经验,包括正规的学习在内,学习过程就已经开始了。我们每天都通过经验获得的方式不断进行学习,经验可以提供很多的信息,因此学习的这个过程相当活跃。

反思性观察　　这是一个主动的学习环节，学习者在这个环节开始思考他获得了什么经验，形成了什么样的反应。在这个环节人开始进行内心的思考。例如："谷物的谷壳去掉，就是小麦。"

理论概念化　　很少有人是天生的理论家。在多数情况下，人们需要从别人的想法那里获得指导。在这个环节中，人们吸收新的信息并与自身已存在的信息进行比较分析。

准备　　人们习得了一个新的知识，常规性的反射行为随之形成，之后就进入了准备阶段，也就是准备进行一个新的学习循环了。

哈尼和马夫德(1982)

哈尼和马夫德在1982年对库伯学习循环进行改进，提出了一个新的学习模型，如图24-3所示。

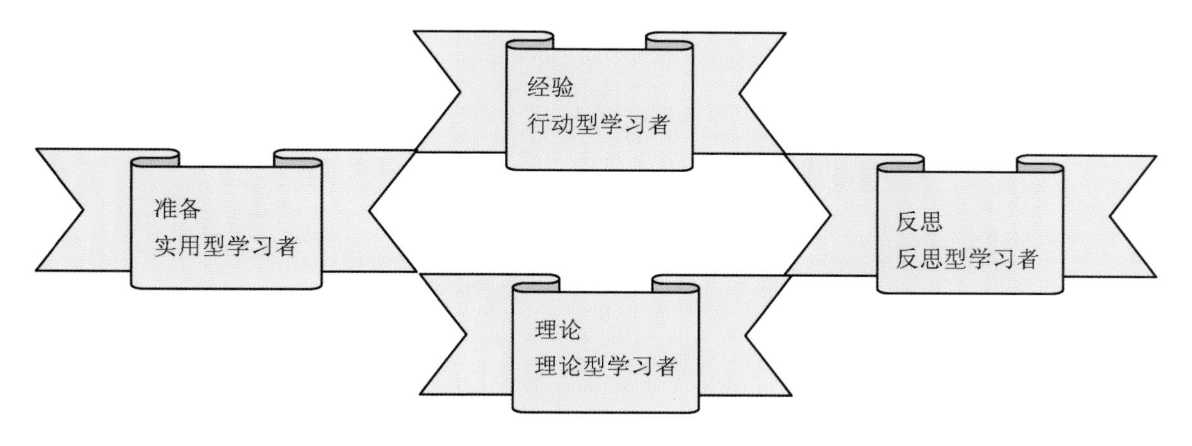

图24-3　哈尼和马夫德(1982)的学习模型

该模型对库伯学习模型的主要发展是将原有的四个学习环节变成了四种学习风格的人，这四种拥有不同学习风格的人在每个特定的学习阶段都会获得最佳的学习效果。

行动型学习者　　这种学习者渴望不断获得新的经验。他们做事情很投入，不会去考虑其带来的不利后果。使用这种学习模式的学习者更喜欢把行动作为整个学习过程的中心环节，他们喜欢参与性的学习，一旦活动结束，就会觉着索然无味。这类学习者喜欢通过游戏以及团队活动来完成学习。

反思型学习者　　这种学习者会用一种小心谨慎和深思熟虑的方式去学习。他们是倾听者，在任何讨论中，他们会选择坐在后排，并保持沉默。这种人只在搜集了所有信息的情况下，才开始行动。克里在1955年对这种行为模式进行了如下描述：

当接收到新的信息后，如果符合我们的观念，我们会进行确认。

当接收到的信息与我们的观念不符时，我们有两种选择：A拒绝；B思考后接受。

采用这种学习风格的人，很多都是成熟的学习者。总而言之，反思型学习者喜欢通过观察、反思和调查来学习。

理论型学习者　　这种学习者通常通过死记硬背来学习。他们是一种呆板的学习者，以纵向的、逻辑性的思考为主，缺少横向的思考。由于多数人不具备较强的逻辑思维能力,因此,理论性学习者需要自我学习。这种学习非常有效率,因为此类学习方式使人记忆比较深刻。

实用型学习者 这种学习者最关心理论在实践中是否可行。他们很务实,脚踏实地,更关心是否实用。实用性学习者最喜欢的学习方式就是从日常生活中获得经验。

灵活的学习方式

通过上面学习方式的介绍,学习者很容易对自己或其他人进行归类,确定自己或他人属于哪种类型的学习者。在大多数情况下,我们不是极端类型的学习者,而是通常使用混合的学习方式来学习,在各种学习方式中取得一定的平衡。人们的学习方式会帮助驾驶舱内的飞行员来理解如何才能形成一个有效的团队。

第二十五章

驾驶舱资源管理和多人制机组协作

导言

从飞机诞生到现在，多数的飞行事故都是由飞行员引发的。所有的事故原因分类中都有“飞行员差错”这个词。但是，近年来这个词的使用开始变少，更多地被“人的差错”所替代。

第一次世界大战时的统计数据表明，多数的飞行事故都与人的差错有关，如图25-1所示。

第一次世界大战统计数据

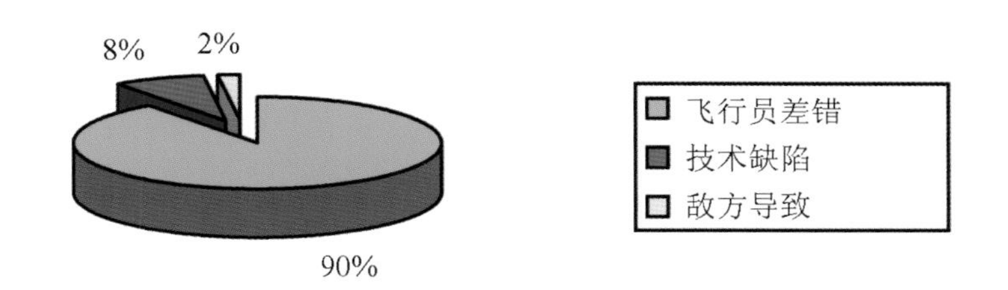

图25-1　第一次世界大战时飞行事故的统计数据

即使变换统计时间，我们发现，人的差错所引发的飞行事故仍然占大多数，如图25-2所示。

运输航空事故

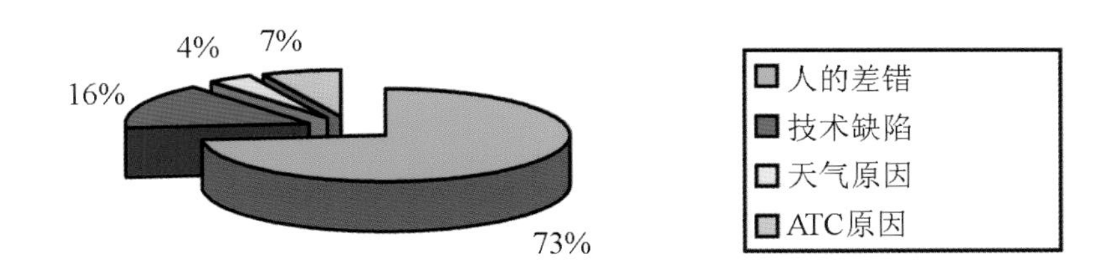

图25-2　运输航空数据（1994年）

研究发现，航空飞行的确需要有效的机组训练，驾驶舱资源管理（Cockpit Resource Management，CRM）应运而生。

什么是驾驶舱资源管理

人类驾驶飞机的历史已经超过100年,但是为什么到近年来才开始提倡驾驶舱资源管理?尽管驾驶舱资源管理的概念早已提出,但事实是,外在因素导致的飞行事故比例逐渐下降,而与人的弱点相关的内在因素导致的飞行事故比例不断上升。

为什么需要驾驶舱资源管理训练?

驾驶舱资源管理为提高航空安全提供了一种途径。仅仅依靠技术上的进步来保障现代公共航空运输的安全显然是不够的。20世纪90年代开始,驾驶舱资源管理训练项目开始进一步被更多的人认同。

此类计划的价值在于其可以在真实的飞行中得到体现,最典型的例子之一是苏城空难。发生事故的是一架美联航的DC-10飞机。当时,该飞机在37000 ft的高度遭遇险情,位于尾部的发动机故障,导致三套液压系统均严重受损,在这种几乎毫无希望的情况下,机长艾尔·海恩斯及其团队有效地利用所有的可用资源,通过改变剩下的2个发动机推力来控制飞机的俯仰姿态,将受损严重的DC-10飞机迫降到苏城机场,飞机上的296人中有184人得以生还。海恩斯机长说:"美联航于1980年就开始了名为驾驶舱资源管理的训练,它的确很有用,如果我们没有经过此类训练,我们也许无法完成这次迫降。"

上述的例子并非是唯一的。历史上,在紧急情况下,通过机组成员的良好工作表现以及优异的团队协作,挽救了很多人的生命的例子,已经发生了多次。驾驶舱资源管理已经在过去的航空飞行中多次证明了自己的价值。

只有当飞行员通过不断的飞行实践,将正确的观念融入日常的飞行操作中去,驾驶舱资源管理训练才能真正发挥效用。

今天,监管当局已经规定飞行人员必须接受驾驶舱资源管理和人的因素方面的训练。

ICAO详细界定了驾驶舱资源管理是什么以及不是什么:

驾驶舱资源管理是:

- 提升机组成员工作表现的综合体系;
- 包括了所有机组成员的体系;
- 可以融入所有形式的飞行人员训练中;
- 关注态度和行为的改变,以及其对飞行安全的影响;
- 为个体检验其飞行操作、决策制订和驾驶舱团队协作能力提供机会;
- 将机组成员作为一个整体进行训练的体系。

驾驶舱资源管理不是:

- 一夜之间可以速成的技能;
- 基于固定的几个特定案例;
- 独立于其他同时进行的训练;
- 教会机组成员在驾驶舱内与其他机组成员相处的特定处方;
- 另一种形式的单独训练;
- 被动的、填鸭式的课堂教学;
- 试图规定一种固定的驾驶舱行为。

飞行员应该了解，驾驶舱资源管理不是，也永远不会变成一种机械的飞行技能。其目的是帮助飞行员理解现代化客机的需求。

驾驶舱资源管理循环

近70%的飞行事故是由人的差错所引发的，对这些差错进行分析，人们发现存在4类典型的差错：

- 决策不当；
- 无效的交流；
- 领导能力不足；
- 管理不当。

由此，驾驶舱资源管理着重对以下7个方面进行训练：

- 沟通与交流；
- 情景意识；
- 问题解决/决策制订；
- 领导与协作；
- 应激管理；
- 人际技能；
- 评估。

多人制机组协作

今天，JAR-FCL要求飞行员在签注第一个型别等级之前，必须经历多人制机组协作的训练。多人制机组协作的技能适用于多人制的飞行环境，看起来与驾驶舱资源管理类似，不易区分。但是，法规中对这两个概念的区别进行了清晰的界定。JAR-FCL要求飞行员在获得第一个型别等级之前，要有多人制机组协作训练经历，而JAR-OPS要求飞行员必须每年复训驾驶舱资源管理。而且，驾驶舱资源管理不仅仅针对飞行员，也针对与飞行有关的其他人员。

多人制机组协作训练的内容包括：

- 航空决策优化；
- 沟通与交流；
- 任务分工；
- 检查单的使用；
- 交叉检查；
- 团队协作，以及整个飞行阶段的相互支持。

多人制机组操作与单飞行员操作相比，具有以下优势，多人制机组协作训练有助于强化这些优势：

- 当一名飞行员失能时，另一名飞行员可以接替操作；
- 降低工作负荷，从而使飞行员保持较高的情景意识；
- 能够监控他人的反应；
- 正确使用检查单；

➢操作更有效。

如果说多人制机组操作也存在弊端的话，也通常来自于机组成员自身，而不是这种配置本身的缺陷。

飞行器配置多人制机组是法规的要求，过去的经验已经表明，相比起一名飞行员来说，驾驶舱内有多名飞行员的确可以有效提升飞行的安全和操作效率。

后记

作为国民经济和社会发展的重要行业，我国民航业伴随着整个国民经济的发展而不断壮大。目前我国已拥有全世界最先进的民航飞机，机队规模也稳居世界前列，为适应民航业的高速发展，对飞行员培养的要求进一步提高。

飞行员作为民航运输业重要的从业人员之一，对其培养更要专业化、系统化，以实现民航运输业的安全与高效。为此，中国民航飞行员协会特组织民航业有关学者、专家编译了本套航线运输飞行员理论培训教材。

在本套教材的准备阶段，要特别感谢杰普逊(Jeppesen)公司对中国民航飞行员协会的支持。杰普逊公司以其80多年来为全球飞行人员提供理论培训的经验，为全球航空飞行的安全性和高效性等做出了积极贡献。为了支持中国民航业的发展，杰普逊公司更是将本套航线运输飞行员理论培训教材的版权通过民航总局飞行标准司无偿赠予中国民航飞行员协会，并主动放弃版权页的署名权，以便相关专家、学者在编译过程中将内容本土化，使本套教材更加适合中国飞行学员的实际理论学习。

同时，还要特别感谢中国民用航空局飞行标准司、中国民用航空飞行学院、中国东方航空股份有限公司飞行安全技术应用研究院、大连海事大学出版社，以及相关民航单位与个人在编译、编审、出版等方面的大力支持，使得本套教材得以顺利出版。

航线运输飞行员理论培训教材，包括《航空气象》《通用导航》《无线电导航》《飞机结构与系统》《动力装置》《航空电气》《航空仪表》《飞行原理》《飞机性能》《飞机重量与平衡》《飞行计划》《航空法规》《人的因素》《运行程序》《通信》，共15本教材。编译过程中紧密围绕飞行员航线执照理论考试大纲，力求概念清楚、理论正确、重点突出、条理清晰、知识点全面，并注重理论和实践相结合，涵盖了飞行的基本原理、飞机结构、运行程序及人的因素等各方面，图文并茂，疏朗的文字结构非常符合飞行员的阅读和思考习惯。

希望本套教材可以优化飞行员培养，夯实飞行员专业基础知识，从源头上提高人才培养的质量效益。

同时也欢迎同行及各界人士对本套教材提出宝贵意见，帮助本套教材与时俱进，实现飞行员理论基础培养的可持续发展。

2017年6月